Easy Cook
食在家常

极简小炒

甘智荣 主编

U0221959

江苏凤凰科学技术出版社

图书在版编目（CIP）数据

极简小炒 / 甘智荣主编 . -- 南京 : 江苏凤凰科学
技术出版社 , 2018.7

ISBN 978-7-5537-8229-4

Ⅰ . ①极… Ⅱ . ①甘… Ⅲ . ①炒菜 – 菜谱 Ⅳ .
① TS972.12

中国版本图书馆 CIP 数据核字 (2017) 第 112727 号

极简小炒

主　　　编	甘智荣
责 任 编 辑	张远文
责 任 监 制	曹叶平　方　晨

出 版 发 行	江苏凤凰科学技术出版社
出 版 社 地 址	南京市湖南路 1 号 A 楼，邮编：210009
出 版 社 网 址	http://www.pspress.cn
印　　　刷	北京旭丰源印刷技术有限公司

开　　　本	718 mm × 1000 mm　1/16
印　　　张	13
字　　　数	177 000
版　　　次	2018 年 7 月第 1 版
印　　　次	2021 年 11 月第 2 次印刷

标 准 书 号	ISBN 978-7-5537-8229-4
定　　　价	39.80 元

图书如有印装质量问题，可随时向我社出版科调换。

滋味小炒简单易做

家常的味道，来自千家万户，来自老百姓代代相传，就像儿时的记忆，永远深刻。一道美味可口、鲜香补益的家常菜肴，不仅可以保证家人营养均衡和膳食健康，还可以让家人在品味美味之余享受天伦之乐。此外，一道色、香、味、形俱全的家常菜品，不仅可以让你在朋友聚会中大显身手，还能让朋友充分感受到你的热情。

家常菜虽是人们每天食用的常见菜式，但要炒出可口的家常菜也不是件容易的事。炒菜是中国菜的基础制作方法，即将一种或几种菜放锅中炒熟。它主要是以锅中的热油为载体，将切好的菜品用中火、大火在较短时间内加热至熟。对于炒菜，火候的掌握、翻动节奏以及加入调料的种类和次序，为炒制最终是否成功的关键。

本书共分为营养美味小炒菜、素菜类、畜肉类、禽蛋类、水产海鲜类5个部分，精选了经典美味、好吃易做的家常小炒。这些菜品中既有人人皆知的大众菜，又有独具风味的地方特色菜，但均为日常生活中可以自己烹饪的家常小炒，既可以解决众口难调的问题，又可以为日常的餐桌增色。酸、甜、苦、辣、咸，五味俱全，黄、绿、黑、红、白，五色全有。无论是北方人还是南方人，无论是老年人还是年轻人，都可以在本书中找到自己想吃的美味佳肴。

本书所选菜例皆为家常菜式，材料、调料、做法介绍详细，烹饪步骤清晰，书中每道菜肴不仅配有精美的图片，更是针对制作中的关键步骤，配以分解步骤图片加以说明，读者可以一目了然地了解食物的制作要点，易于操作。

此外，本书还设置了小贴士，如食物相宜、食物相克等小栏目，介绍不同食物的科学食用方法和搭配，每道菜除详细介绍材料、调料、做法外，还附加了营养分析、小贴士、烹饪时间、烹饪方法、适宜人群等众多内容，全面满足每个家庭的营养需求，科学指导、健康配膳，让你和家人吃得更合理、更健康。

阅读导航

菜式名称

每一道菜式都有着自己的名字，我们将菜式名称放置在这里，以便于你在阅读时能一眼就找到它。

辅助信息

这里标记着这道菜的烹饪时间、口味、营养功效及宜用人群。

素炒三丝

🕐 3分钟　　✖ 美容养颜
🔥 香辣　　　◎ 女性

三丝，即香干丝、黄豆芽、青椒丝。香干、豆芽都由黄豆制成，营养丰富，其所含的维生素 E 能保护皮肤和毛细血管，防止动脉硬化以及高血压。素炒三丝，由脆爽的豆芽、豆香十足的香干、翠绿的青椒混搭出的这个完美组合，清淡却不失滋味，瞬间惊艳味觉。

美食故事

没有故事的菜是不完整的，我们将这道菜的所选食材、产地、调味、历史、地理等留在这里，用最真实的文字和体验告诉你这道菜的魅力所在。

材料与调料

在这里你能查找到烹制这道菜所需的所有配料名称、用量以及它们最初的样子。

材料		调料	
香干	150克	盐	3克
黄豆芽	30克	蚝油	5毫升
青椒	80克	料酒	5毫升
干辣椒	5克	水淀粉	适量
蒜末	5克	食用油	适量
葱白	5克		
姜片	5克		

菜品实图

这里将如实地为你呈现一道菜烹制完成后的最终样子，菜的样式是否悦目，是否会勾起你的食欲，你的眼睛不会说谎。此外，你也可以通过对照图片来检验自己动手烹制的菜品是否符合规范和要求。

步骤演示

你将看到烹制整道菜的全程实图及具体操作每一步的文字要点，它将引导你将最初的食材烹制成美味的食物，完整无遗漏，文字讲解更实用、更简练。

食材处理

❶ 将洗好的香干切成丝。

❷ 把洗净的青椒去蒂和籽，切成丝。

做法演示

❶ 用油起锅，倒入蒜末、葱白、姜片、干辣椒爆香。

❷ 倒入青椒丝、香干拌炒均匀。

❸ 倒入洗好的黄豆芽。

❹ 加盐、蚝油、料酒翻炒 1 分钟至熟。

❺ 用水淀粉勾芡。

❻ 盛入盘中，装好盘即可。

小贴士

❂ 烹调黄豆芽切不可加碱，要加少量食醋，这样才能保持 B 族维生素不损失。

❂ 烹调过程要迅速，或用大火急速快炒，或用沸水略焯后立刻取出调味食用。

养生常识

★ 黄豆芽可清利湿热，适宜胃中积热者食用。便秘、痔疮患者可以适量多吃。

★ 勿食无根豆芽，因为无根豆芽在生长过程中喷洒了除草剂，而除草剂一般都有致畸、致细胞突变的作用。

★ 黄豆芽配豆腐来炖排骨汤，对消化不良患者、体弱者很适宜。

食物相宜

清热消暑

黄豆芽

＋

苦瓜

润肠道

黄豆芽

＋

黑木耳

消水肿，通乳汁

黄豆芽

＋

鲫鱼

食物相宜

结合实图为你列举这道菜中的某些食材与其他哪些食材搭配效果更好，以及它们搭配所能达到的营养功效。

小贴士 & 养生常识

在烹制菜肴的过程中，一些烹饪上的技术要点能帮助你一次就上手，一气呵成零失败，细数烹饪实战小窍门，绝不留私。了解必要的饮食养生常识，也能让你的饮食生活更合理、更健康。

第1章
营养美味小炒菜

Contents ┃目录

第2章
素菜类：清爽好滋味

第3章
畜肉类：浓香下饭超美味

第4章
禽肉蛋类：软滑健康好味道

第 5 章
水产海鲜类：香嫩爽滑真鲜美

附录1

附录2

附录3

第 **1** 章

营养美味
小炒菜

现代社会的生活节奏加快，人们愈发关注烹饪的快速、美味以及营养健康。作为日常饮食的重头戏——一日三餐更是不能轻视，吃得营养，还要吃得美味，学一些简单、实用的家常小炒烹饪技巧，让你分分钟变成营养美食家。

家常小炒烹调技巧

炒，是最广泛使用的一种烹调方法，直接用大火热锅热油翻炒使食材成熟。经过人们平时做菜技巧的不断提高，炒菜的方法也变得多种多样了。

生炒

生炒又称火边炒，以不挂糊的原料为主。先将主料放入沸油锅中，炒至五六成熟，再放入配料，配料易熟的可迟放，不易熟的则与主料一齐放入，然后加入调料，迅速颠翻几下，断生即可。这种炒法，汤汁很少，食材清爽脆嫩。如果原料的块形较大，可在烹制时兑入少量汤汁，翻炒几下，使原料炒透，即可出锅。放汤汁时，需在原料的本身水分炒干后再放，才能入味。

注意事项

❶ 底油的用量要适度。底油过少，原料极易粘锅，也不易炒开；底油过多则成菜会过于油腻。

❷ 下锅原料数量越多，油的温度也应略高。

❸ 原料下锅前必须沥干水分，原料下锅后要反复翻炒，使其在短时间内均匀受热。

❹ 生炒以中火为宜，火过小，原料不能及时受热，尤其是蔬菜类会溢出很多水分；火过旺，原料表面容易出现黑色斑点，使成菜有股油烟味。

熟炒

熟炒一般先将大块的原料加工成半熟或全熟（煮、烧、蒸或炸熟等），然后改刀成片、块等，放入沸油锅内略炒，再依次加入配料、调料和少许汤汁，翻炒几下即成。熟炒的原料大都不挂糊，起锅时一般用湿淀粉勾成薄芡，也有用豆瓣酱、甜面酱等调料烹制而不再勾芡的。熟炒的特点是略带汤汁、酥脆入味。

注意事项

❶ 熟炒的主料无论是片、丝、丁，其片要厚、丝要粗、丁要大一些。

❷ 熟炒的材料通常是不挂糊，炒锅离火后，可立刻勾芡，亦可不勾芡。

软炒

又称滑炒，先将主料出锅，经调料拌匀，再用蛋清淀粉上浆，放入五六成热的温油锅中，边炒边使油温增加，炒到油约九成热时出锅；再炒配料，待配料快熟时，投入主料同炒几下，加些卤汁，勾薄芡起锅。软炒菜肴非常嫩滑，但应注意在主料下锅后，必须使主料散开，以防止主料挂糊黏连成块。

注意事项

❶ 浆料一般是鸡蛋清和水淀粉。上浆时，要将浆料与肉拌匀，质地细嫩的鸡丝、鱼肉要先用手轻按，使浆料深入肉质中。

❷ 滑油时油量要多，油温用中温油。滑油的过程要迅速，主要是让浆料成熟以完全包裹肉，炒至肉断生即可。

❸ 炒制的时间要短，操作迅速。调味汁最好事先准备，操作时一气呵成。净锅留底油燃烧，可以用葱、姜、蒜炝锅；然后将滑过油的肉与配料同入锅中，调入调味汁，迅速颠翻，使芡汁均匀包裹食材，随后出锅即可。

煸炒

煸炒是将不挂糊的小型原料，经调料拌腌后，放入八成热的油锅中迅速翻炒，炒到外面焦黄时，再加配料及调料同炒几下，待全部汤汁被主料吸收后，即可出锅。煸炒菜肴的一般特点是干香、酥脆。

注意事项

❶ 火候是干煸菜肴成功与否的关键，在整个烹制过程中要多次变换火候。一般是先以大火滚油使原料迅速脱水，再用中小火煸炒入味。操作时手法要灵巧，需一手持锅铲不断翻炒锅内原料，另一手握住锅柄不停地颠动，使原料受热均匀。火力要时急时缓，可通过变换炒锅离火口的远近来控制，让原料脱水的程度恰到好处。

❷ 煸炒时一般都要放白糖，使菜肴的口感更加醇厚，但用量不宜过多，以"放糖不带甜"为度。

炒菜基本常识

炒就是以食用油和锅为主要导热体，将原料用中、大火在较短时间内加热成熟、调味成菜的一种烹调方法。炒的原料一般都选择鲜嫩易熟的，外形较大者都需要加工成片、丝、丁等形态，这是使原料在短时间内成熟的先决条件。但在炒菜过程中应掌握以下关键。

热锅冷油

许多人炒菜都是锅里先倒上油，等油微微冒烟时再下菜，这样炒菜不仅油烟多，容易煳锅，食材的营养成分也会损失不少。我们不妨试试热锅凉油的炒菜方式。

锅烧热倒入凉油，可以适当降低锅的温度。油入锅后马上倒入食材。当油温低于 180℃ 的时候，油中的营养物质很少会有损失。一旦超过 180℃，一系列变化就发生了：其中的不饱和脂肪酸被破坏，同时，维生素 E 为了保护不饱和脂肪酸，也被氧化殆尽。

顺序调味

每家的厨房都有盐、白糖、酱油、醋、料酒这些基本调料。做不同的菜，放调料的顺序和种类是不一样的。只有把握好放调料的最佳时间，才能做出色香味俱全的菜肴。

盐：为了减少蔬菜中维生素的损失，一般应炒过菜后再放盐。想要肉类炒得嫩，在炒至八成熟时放盐最好。在炖鱼、炖肉时，最好是出锅前的 10 ~ 15 分钟放盐，因为盐能使蛋白质凝固，有碍鲜味的生成。

糖：如果以糖着色，等油锅热后放糖，待炒至紫红色时再放入主料；如果只是以糖为调料，在炒菜过程中放入即可。在烹调糖醋鲤鱼、糖醋藕片等菜时，应先放糖，后放盐，否则会造成外甜里咸，影响口感。

醋：有些菜肴，如炒豆芽，在原料入锅后马上加醋，既可保护原料中的维生素，又能软化蔬菜中的膳食纤维；而有些菜肴，如糖醋排骨、葱爆羊肉，原料入锅后加一次醋，可以去除腥味，等菜临出锅前再加一次醋，可起到解腻的作用。

料酒：料酒应该是在锅内温度最高时加入，可以去腥；大块的鱼、肉，应在烹调前先用料酒腌一下，以除去异味；炒肉丝要在肉丝煸炒后加料酒；虾仁最好在炒熟后才加料酒。

酱油：炒菜时，高温久煮会破坏酱油的营养成分，并失去鲜味。因此，应在即将出锅前放酱油。炒肉片时为了使肉鲜嫩，也可将肉片先用淀粉和酱油拌一下再炒，这样就不会损失蛋白质，炒出来的肉也更嫩滑。

如何掌握炒菜火候

对于很多人来说，烹调时如何控制火候是一件难事。菜肴的原料多种多样，有老有嫩、有软有硬，烹调方法也不尽相同，火候运用要根据原料质地和烹调方式来确定。常用的火候有以下几种：

大火

大火又称为旺火、急火或武火，火柱会伸出锅边，火焰高而稳定，火光呈蓝白色，热度逼人；烹煮速度快，可保留材料的新鲜及口感的软嫩，适合生炒、滑炒、爆等烹调方法。一般用于大火烹调的菜肴，质地多以软脆嫩为主。如葱爆羊肉等用大火烹调能使主料迅速加热，肉纤维急剧收缩，使肉内的水分不易浸出，吃时口感较嫩。如果火力不足，锅内温度不够高，肉纤维不能及时收缩，肉质就会变老。如果是素菜，如炒白菜，用大火不但能留住营养，还能让菜色漂亮，口感更脆嫩。

中火

中火又称慢火，火力介于旺火及微火之间，火柱稍伸出锅边，火焰较低且不稳定，火光呈蓝红色，较明亮；一般适合于在烹煮酱汁较多的食物时使食物入味，如煎、炸、贴等。比如做红烧鱼等菜时就免不了炸的程序。许多人以为炸要用大火才能外酥里嫩，其实不然。如果用大火炸，食材会提前变焦，变得外焦里

生。此外，为了保护原料的营养、减少致癌物的生成，炸的时候都要给原料挂糊。如果用大火，这层糊就更容易焦；如果用小火，糊又会脱落。所以，最好的办法是用中火下锅，再逐渐加热。

微火

微火又称小火、文火适合质地老硬韧的主料，常用于烧、炖、煮、焖、煨等烹调方式。如炖肉、炖排骨时要用小火，且食材块越大，火要越小，这样才能让热量缓慢渗进食材，达到里外都软烂的效果。如果用大火，则会造成表面急剧收缩，不但口感不好，营养也会流失。

火候是菜肴烹调过程中所用的火力大小和时间长短。烹调时，一方面要从燃烧烈度鉴别火力的大小，另一方面要根据原料性质掌握成熟时间的长短。两者统一才能使菜肴烹调达到标准。一般来说，火力运用大小要根据原料性质确定，而有些菜则需要根据烹调要求使用两种或两种以上火力，如干烧鱼则是先大火，再中火，后小火烧制。

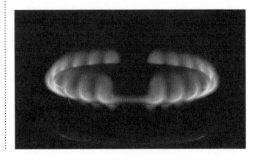

如何判断炒菜油温

在平常炒、爆、熘菜的过程中，不少家庭主妇都不大重视油温的判断，先入为主地认为只要油冒烟了，就可以直接下材料进行烹煮。殊不知，油温的高低，会直接影响到成菜的色泽和味道。在美食节目中，我们也常听到大厨们说，三成油温时过一下油，再等到八成油温时爆炒一下……那么油温到底应该怎么判断呢？

一二成热 · 炸制坚果

油温一二成热时，油面平静、无油烟、无声响，把筷子放入油中没有反应。此时的油温适用于炸制坚果类的食物，如油炸花生米，因为大部分坚果类食材比较爱煳，在使用食用油炒制时需要有一个从凉油到热油的慢慢升温过程。

三四成热 · 适合炒肉

油温三四成热时，同样没有油烟及声响，不过油面边缘有轻微的颤动，放入原料时会出现少量气泡及声响。此时的油温适用于肉丝、鸡丝等食材的初步加热，能保持肉的弹性，使口感柔嫩。

五六成热 · 爆香最佳

油温五六成热时，将手悬停于油面上方10厘米左右开始有烫的感觉，油面边缘有明显的翻滚迹象，放入原料会出现大量的气泡，且会发出较大的声响。此时的油温适用于葱、姜、蒜等辅助材料的爆香，肉丝、肉片的过油断生，也是烹入料酒、酱油等调料的时机。

七八成热 · 爆炒油炸

油温七八成热，将手悬停于油面上方10厘米左右时因为油温已经很高坚持不住了，油面有大量油烟升腾，表面边缘翻滚，用无水的炒勺搅动时能听到轻微的响声，放入原料时会有轻微爆破声，并伴有大量气泡。此时的油温适用于爆炒或油炸等需要使食材迅速定形、外焦里嫩的菜肴，如干炸肉、火爆河虾、糖醋里脊等。

此外，掌握好油温，还须根据火力大小、原料性质以及投料的多少来决定。

用大火加热，原料下锅时油温应低一些，因为大火可使油温迅速升高。如果火力旺，油温高时下入原料，极易导致原料粘结、外焦内生。

用中火加热，原料下锅时油温应高一些，因为中火加热，油温上升较慢。如果在火力不旺、油温低的情况下投入原料，则油温会迅速下降，造成原料脱浆、脱糊。

根据投放原料的多少而决定油温，投放原料量大，油温应高一些，因原料本身的温度会使油温下降，投量越大，油温下降的幅度越大，且回升较慢，故应在油温较高时下入原料。反之，原料量较少，下锅时油温可低一些。

勾芡技巧

勾芡，就是在菜肴接近成熟时，将调好的水淀粉淋入锅内使汤汁浓稠，让菜肴更加湿滑有汁，看上去更加诱人食欲。勾芡是否适当，对菜肴的品质影响很大。因此想要让菜肴更加美味诱人，还需掌握一定的勾芡技巧。

掌握芡汁浓度

芡汁的浓稀应根据菜肴的烹法、质量要求和风味而定。

浓芡，芡汁浓稠，可将主料、辅料及调料、汤汁粘合起来把原料裹住，食用后盘底不留汁液，浓芡适用于扒、爆菜的使用。

糊芡，此芡汁能使菜肴汤汁成为薄糊状，目的是将汤菜融合，口味柔滑。糊芡适于烩菜和调汤制羹。

流芡，呈流体状，能使部分芡汁粘结在原料上，一部分粘不住原料，流芡宜于熘炒。

薄芡，芡汁薄稀，仅使汤汁略微变得稠些，不必粘住原料，一些清淡的口味菜肴使用此芡为主。

掌握勾芡时间

勾芡最好是在食物已经差不多成熟的时候再进行。如果勾芡的时间过早，那么很可能会造成卤汁在烹饪的过程中出现焦煳的情况。要是勾芡时间过晚，就可能会造成菜品受热的时间过长，失去脆、嫩的口感。

勾芡的菜肴用油量不能太多

由于油的不溶性和润滑作用，若是用油过多，则造成卤汁很难粘附在食物上，不能达到增鲜、美形的目的。

菜肴汤汁要适当

在勾芡时，菜品的汤汁一定要恰到好处，不可太多也不能够太少，否则会造成芡汁过稠或过稀，从很大程度上破坏食物的烹饪质量。

勾芡前要将菜肴调制好

在烹饪的过程中，如果要用单纯粉汁进行勾芡，一定要先对菜肴进行调色烹饪，最后进行勾芡。这样才能够使淋入的淀粉十分均匀，确保食物的颜色与味道都不会受到破坏。

> ### TIPS: 勾芡用的淀粉要注意保存
>
> 勾芡一般用的淀粉都是用土豆制成的，也有用绿豆磨制而成的。淀粉吸湿性强，还有吸收异味的特点，因此应注意保管，应防潮、防霉、防异味。一般以室温15℃和湿度低于70%的条件下为宜。

炒菜的若干小窍门

　　知道一些炒菜的诀窍对于保持菜肴的营养和滋味是至关重要的，下面简单介绍常见食材的烹饪小技巧，以帮你烹饪出营养美味的小炒菜。

生炒芋头

❶ 芋头洗净，去皮，切成丝。

❷ 芋头丝用盐腌片刻。

❸ 将锅烧热，把芋头丝放入锅内，焙干水分。

❹ 适当加点香醋，能去异味、增香味。

如何炒丝瓜不变色

❶ 刮去丝瓜外面的老皮，洗净。

❷ 将丝瓜切成小块。

❸ 烹调丝瓜时滴入少许白醋，这样就可保持丝瓜的青绿色泽和清淡口味了。

怎样炒肉才不粘锅

❶ 将炒锅刷洗干净，放大火上烧热后倒入凉油，迅速涮一下倒出来。

❷ 重新放入适量的凉油，把锅置大火上，随即放入备好的原料，快速翻炒。

妙炒腰花

❶ 腰花切好，放入水中。

❷ 加少许白醋。

❸ 浸水 10 分钟。

❹ 腰花会发大，变得无血水，炒熟后脆嫩爽口。

韭菜炒蛋的技巧

❶ 将鸡蛋炒好，盛出备用；韭菜炒至将熟，再将鸡蛋放入略炒。

❷ 这样炒出来的鸡蛋色泽美观、味道鲜美。

妙炒茄子

❶ 炒茄子时，滴几滴醋，茄子便不会变黑。

❷ 炒茄子时，滴入几滴柠檬汁，可使茄子变白，这样炒出来的茄子既好看，又好吃。

如何炒出脆嫩的土豆丝

❶ 将土豆去皮切成细丝。

❷ 放在冷水中浸泡1小时。

❸ 捞出土豆丝沥干水，下油锅快速爆炒，加入适量醋、盐、白糖调味，七八成熟时起锅装盘，这样炒出来的土豆丝绝对不粘不煳、清脆爽口。

牛肉热炒的技巧

❶ 将牛肉切成横丝。

❷ 牛肉过油，油量要多，火要大，过油速度更要快。

❸ 过油1分钟左右即可熄火，沥干油分，否则牛肉的肉质很快就会变老。

第2章

素菜类：
清爽好滋味

吃素是一种简单、健康的饮食追求，素净新鲜的各类
蔬菜烹饪得当也可以做得有滋有味。这一章我们将为你介
绍好做、好吃的素菜美食，或口感清爽，或滋味鲜浓，美
味与营养兼备，色香味俱全，时刻挑战你的感官极限。

香辣白菜

🕐 3分钟　　✖ 排毒瘦身

🔺 香辣　　😊 女性

　　香辣白菜是很多人从小到大百吃不厌的菜，做法也简单，喜欢吃辣就多放一点干辣椒，保持大火快炒就好，让干辣椒的香味和辣味充分渗入清新脆嫩的白菜中。成菜色泽鲜亮，又香又辣，吃起来特别爽。寒冷的冬季，来点香辣白菜，用来下饭是最好不过的，还能够祛除寒气。

材料

大白菜	450 克
干辣椒	20 克
蒜	15 克

调料

盐	3 克
鸡精	1 克
料酒	5 毫升
食用油	适量

食材处理

❶ 将洗好的大白菜对半切开，菜梗和菜叶切成小片。

❷ 将蒜拍碎，切末。

做法演示

❶ 锅中注油，油热后放入蒜末，再倒入干辣椒煸香。

❷ 放入大白菜梗。

❸ 翻炒一会儿至大白菜梗变软。

❹ 放入大白菜叶翻炒均匀。

❺ 加盐、鸡精炒匀调味，倒入料酒拌炒至大白菜熟透。

❻ 将炒好的大白菜盛入盘中即成。

小贴士

❂ 挑选包心的大白菜以直到顶部包心紧、分量重、底部突出、根的切口大的为好。

❂ 大白菜食法颇多，炒、熘、烧、煎，都可以做成美味佳肴。与香菇、火腿、虾米、肉、栗子等同烧，可以做出很多特色风味的菜肴。

养生常识

★ 大白菜性偏寒凉，胃寒腹痛、大便溏泄及寒痢者不可多食。

食物相宜

补充营养

大白菜

猪肉

预防乳腺癌

大白菜

黄豆

健胃消食

大白菜

牛肉

蒜蓉炒小白菜

- ⏱ 2分钟
- ⚖ 清淡
- ✗ 促进食欲
- ☺ 一般人群

　　有些人爱吃素，其实是爱蔬菜那一抹清新的嫩绿及清脆爽口的感觉。蒜蓉小白菜以大火快炒至熟，更好地保持了小白菜翠绿的色泽，看着就非常有食欲。尤其是那脆嫩的小白菜，经蒜蓉烹调提味增香后，蒜香浓郁，口感鲜甜，实在开胃。

材料

小白菜	350 克
蒜蓉	15 克

调料

盐	3 克
鸡精	2 克
味精	2 克
白糖	3 克
食用油	适量

❶ 锅中加约 800 毫升清水，大火烧开，加少许食用油。

❷ 放入洗干净的小白菜。

❸ 焯煮约 1 分钟后捞出。

食物相宜

增强体质

小白菜

+

猪肉

做法演示

❶ 锅置大火上，注入适量食用油，烧热后倒入蒜末爆香。

❷ 倒入焯好的小白菜。

❸ 拌炒均匀。

❹ 加入盐、鸡精、味精、白糖。

❺ 快速炒匀使其充分入味。

❻ 将炒好的小白菜盛入盘中即可。

养生常识

★ 小白菜能健脾胃，对胃及十二指肠溃疡有促进创面愈合的作用。

★ 小白菜适宜于肺热咳嗽、便秘、丹毒、漆疮、疮疖等患者及缺钙者食用。

小贴士

✪ 用小白菜制作菜肴，炒、煮的时间不宜过长，以免损失营养成分。

✪ 小白菜冷藏只能维持 2~3 天，如连根一起贮藏，可稍延长 1~2 天。

✪ 存放小白菜前忌用水洗，水洗后，茎叶细胞外的渗透压和细胞呼吸均发生改变，造成茎叶细胞迅速溃烂，营养成分减少。

清炒菠菜

- 🕐 2分钟
- 🗂 清淡
- ✕ 补铁补血
- ☺ 女性

　　一说到菠菜，很多人都会想起大力水手，一吃菠菜就变得力大无穷。其实吃菠菜并不会变得力大无比，但它的确是一种营养丰富、有益身体健康的蔬菜，并且是女人们补血补铁的佳品。清炒菠菜，绿如翡翠，味道清新鲜美，既能促进生长发育，还能增强身体抵抗能力。

材料		调料	
菠菜	300克	盐	3克
		白糖	3克
		味精	3克
		食用油	适量

食材处理

❶ 将洗净的菠菜切去根部。

做法演示

❶ 在锅中加入适量食用油。

❷ 倒入切去根后的菠菜。

❸ 用锅铲翻炒至菠菜熟软。

❹ 加入盐、白糖。

❺ 加入味精炒匀调味。

❻ 加少许熟油炒匀。

❼ 用筷子夹入盘内即可食用。

食物相宜

补血

菠菜

+

花生

促进维生素 B_{12} 的吸收

菠菜

+

鸡蛋

小贴士

- 选购菠菜时，要挑选粗壮、叶大、无烂叶和萎叶、无虫害和农药痕迹的鲜嫩菠菜。
- 利用沾湿的报纸来包装菠菜，再用塑胶袋包装之后放入冰箱冷藏，可保鲜两三天。
- 煮食菠菜前先投入开水中快焯一下，即可除去大部分草酸，有利于人体吸收菠菜中的钙质。
- 将菠菜和鲜藕用香油拌匀食用，可以清肝明目，润肠通便。

土豆丝炒芹菜

🕐 3分钟　　✖ 降压降脂

⬜ 清淡　　☺ 老年人

　　土豆丝家常的做法，不是酸辣就是醋熘，觉得吃不出新意？加点芹菜、红椒丝来点缀吧！在大火爆炒的瞬间，土豆丝、芹菜、红椒丝的清香一并散发出来，沁人心脾，诱人食欲。成菜精致美观，土豆丝的黄、芹菜的绿、红椒丝的红交相辉映，端上来赶紧下手，趁热吃最美味。同样的食材，不一样的做法，总会带给你不一样的惊喜。

材料		调料	
土豆	200克	盐	3克
芹菜	100克	鸡精	1克
红椒丝	20克	白糖	2克
		食用油	适量

食材处理

❶ 将已去皮洗净的土豆切丝。

❷ 放入装有淡盐水的碗中。

❸ 将洗净的芹菜切段,备用。

做法演示

❶ 锅注油烧热,倒入土豆、芹菜、红椒丝。

❷ 翻炒2分钟至熟。

❸ 加入盐、鸡精、白糖。

❹ 拌炒至入味。

❺ 盛入盘中即可。

小贴士

✪ 将新鲜、整齐的芹菜捆好,用保鲜袋、保鲜膜将茎叶部分包严,然后将芹菜根部朝下竖直放入清水盆中,1周内不黄不蔫。

✪ 清洗芹菜时,将叶和茎用手撕开,置于流动的清水下冲洗1~2分钟,然后浸泡在醋水中,最后用水冲洗,这样能把芹菜彻底洗干净。

食物相宜

健脾开胃

土豆

+

辣椒

调理肠胃,可防治胃肠炎

土豆

+

豆角

XO 酱炒莲藕

⏲ 2分钟　　❌ 清热消暑

🔺 鲜　　　🙂 一般人群

　　XO 酱滋味浓郁，鲜中带辣；莲藕脆嫩可口，夏季可消暑清热，秋季可润燥养颜，是不可多得的美味食材。莲藕切片，迅速焯水，加 XO 酱快炒至熟，最后以葱段点缀，盛放于盘中，一股特别的江南风情随之扑面而来，鲜美、微辣、脆甜。闲暇的周末里，给饭桌上添一道小菜吧，不仅下饭，还能提起食欲。

材料	
莲藕	250 克
姜片	5 克
葱白	5 克
蒜末	5 克
葱段	5 克

调料	
生抽	3 毫升
盐	2 克
味精	1 克
白醋	适量
水淀粉	适量
食用油	适量
XO 酱	30 毫升

❶ 将去皮洗净的连藕切片。

❷ 放入装有清水的碗中浸泡片刻。

❸ 锅中加清水烧开，加白醋、少许盐。

❹ 倒入莲藕片。

❺ 煮沸后，捞出沥干水分。

做法演示

❶ 起油锅，加入 XO酱、姜片、葱白、蒜末。

❷ 倒入莲藕片翻炒均匀。

❸ 放生抽、剩余盐、味精炒至入味。

❹ 倒入水淀粉拌炒均匀。

❺ 放入葱段炒匀。

❻ 盛入盘中即可。

食物相宜

止呕

莲藕

+

姜

健脾开胃

莲藕

+

大米

小贴士

✪ 品质好的莲藕两端的节很细，藕身圆而笔直，用手轻敲声厚实。皮颜色为淡茶色，没有伤痕。假如藕身发黑，则表示已经不新鲜，尽量不要购买。

养生常识

★ 莲藕性偏凉，故产妇不宜过早食用。一般产后1~2周后再吃藕可以凉血逐淤。

★ 生食能凉血散淤，熟食能补心益脾，可以补五脏之虚、强壮筋骨、补血养血。

彩椒素小炒

⏱ 3分钟　　✖ 增强免疫力
🗄 清淡　　😊 儿童

彩椒含有丰富的维生素C及多种微量元素，食之可增强人体免疫力，提高人体抗病能力。彩椒与黄瓜、黑木耳、酸笋搭配，色泽艳丽，口感极佳，营养价值更胜一筹，尤其是酸笋的加入让成菜的滋味别具特色。这盘全素佳肴，让人在享受美味的同时还能兼顾健康。

材料		调料	
黄瓜	150克	盐	3克
水发黑木耳	30克	味精	1克
酸笋	35克	白糖	2克
彩椒	35克	料酒	5毫升
蒜末	5克	水淀粉	适量
姜片	5克	食用油	适量
葱段	5克		

食材处理

❶ 将洗净的黄瓜切成丁。

❷ 将洗好的酸笋切成丁。

❸ 将洗净的彩椒也切成丁。

❹ 将洗好的黑木耳切成小片儿。

❺ 锅中倒入清水，加少许盐，煮沸后倒入酸笋，再倒入黑木耳。

❻ 拌匀，焯煮1分钟至熟，捞出黑木耳和笋丁。

做法演示

❶ 热锅注油，倒入蒜末、姜片爆香。

❷ 倒入黄瓜、彩椒炒片刻。

❸ 加黑木耳和酸笋，淋入料酒炒熟，加剩余盐、味精、白糖炒匀。

❹ 加入水淀粉勾芡。

❺ 撒入葱段炒匀，继续翻炒均匀至入味。

❻ 盛入盘中即成。

小贴士

☯ 质量好的黄瓜鲜嫩，外表的刺粒未脱落，色泽绿润，手摸时有刺痛感，外形饱满，硬实。

☯ 黄瓜用保鲜膜封好置于冰箱中可保存1周左右。

养生常识

★ 黄瓜富含钾盐，具有加快新陈代谢、排泄体内多余盐分的作用，故肾炎、膀胱炎患者生食黄瓜有助于利水消肿。

食物相宜

美容养颜

彩椒

+

苦瓜

促进胃肠蠕动

彩椒

+

紫甘蓝

利于维生素的吸收

彩椒

+

鸡蛋

韭黄炒胡萝卜丝

🕐 2分钟	✗ 明目护眼
🔺 清淡	☺ 男性

　　韭黄营养丰富，含有挥发性精油及硫化物等特殊成分，其散发的一种独特的辛香气味，可疏肝理气、增进食欲、促进消化，是春季养生佳品。韭黄炒胡萝卜丝，将韭黄的辛香之气与胡萝卜的清甜之味巧妙地融为一体，鲜美无比。香菇的加入更是点缀了菜品，丰富了口感。

材料

韭黄	100 克
胡萝卜	150 克
水发香菇	50 克

调料

盐	3 克
鸡精	1 克
白糖	2 克
食用油	适量

❶ 将胡萝卜去皮，洗净，切丝。

❷ 将香菇洗净，切丝。

❸ 将韭黄洗净，切段。

做法演示

❶ 用油起锅。

❷ 倒入胡萝卜丝和香菇丝拌炒片刻。

❸ 加入韭黄翻炒至熟。

❹ 加盐、鸡精、白糖。

❺ 拌匀调味。

❻ 出锅即成。

小贴士

✪ 胡萝卜与肉类同炒，有助于人体对胡萝卜所含营养成分的吸收。

✪ 胡萝卜有一种甜味，可多炒些时间，也可加些白糖做调料，使之味道更为可口。

养生常识

★ 胡萝卜内含丰富的维生素 A，对于保护眼部有很大的帮助，能有效地减少黑眼圈的形成。

★ 胡萝卜营养丰富，有辅助治疗夜盲症、保护呼吸道和促进儿童成长等功能。

★ 食用过量的胡萝卜素会影响卵巢的黄体酮合成，使之分泌减少，有的甚至会造成月经减少、排卵延迟、月经紊乱等。

★ 胡萝卜不宜与富含维生素C的蔬菜（如菠菜、油菜、菜花、西红柿、辣椒等）、水果（如柑橘、柠檬、草莓、青枣等）同食，易破坏维生素C，降低营养价值。

食物相宜

壮阳补肾

韭黄

＋

虾

防治心血管疾病

韭黄

＋

豆腐

润肠通便

韭黄

＋

芹菜

素炒冬瓜

冬瓜富含多种维生素及矿物质，具有润肺生津、利尿消肿、清热祛暑的作用。冬瓜的味道清淡，无须太多的配料和调料，加一点点姜片、蒜末、葱段清炒就可以让它色、香、味俱全了。成菜的素炒冬瓜，色泽清淡素雅，清香鲜美，让人看了就觉得清爽。

材料		调料	
冬瓜	300克	盐	3克
蒜末	5克	鸡精	2克
姜片	5克	水淀粉	10毫升
葱段	5克	食用油	适量

食材处理

❶ 将冬瓜去皮洗净，切段，改切成片。

❷ 装入盘中备用。

做法演示

❶ 炒锅注入适量食用油，烧热，倒入姜片、蒜末爆香。

❷ 倒入冬瓜，炒匀。

❸ 加入少许清水炒约1分钟至熟软。

❹ 加入盐、鸡精炒匀调味。

❺ 加入水淀粉。

❻ 快速拌炒均匀。

❼ 撒入葱段。

❽ 快速拌炒均匀。

❾ 起锅，将炒好的冬瓜盛入盘中即可。

小贴士

✪ 用指甲掐一下，皮较硬、肉质致密的冬瓜口感好。

养生常识

★ 冬瓜性寒，久病不愈者与脾胃虚寒、易泄泻者慎食。

★ 服滋补药品时忌食冬瓜。夏天气候炎热，心烦气躁时宜食；热病口干烦渴、小便不利者宜食。

食物相宜

降低血压

冬瓜

海带

降低血脂

冬瓜

芦笋

利小便，降血压

冬瓜

口蘑

紫苏炒三丁

🕐 2分钟　　✖ 提神健脑

⚖ 清淡　　🙂 一般人群

　　喜欢吃的人，往往会花很多时间在研究吃上，想方设法利用各种食材、调料烹调出更美味的菜肴。黄瓜、胡萝卜、土豆都是好东西，合而为菜，营养丰富且均衡。紫苏的加入不仅赋予了食材清新之气，还平添了一份闲云野鹤的妙趣。一盘简简单单的紫苏炒三丁，远远地就能闻见香味，入口后清香、鲜美瞬间在舌尖绽放，煞是喜人。

材料

土豆	150克
黄瓜	100克
胡萝卜	100克
紫苏叶	30克
蒜末	5克
姜片	5克
葱白	5克

调料

盐	3克
味精	1克
鸡精	1克
蚝油	适量
水淀粉	适量
食用油	适量

❶ 将去皮洗净的土豆切块。

❷ 将洗好的胡萝卜切块。

❸ 将洗净的黄瓜切成小块。

❹ 将紫苏叶洗净，切碎。

❺ 锅注水烧开，加少许盐、油，入胡萝卜、土豆、黄瓜略煮。

❻ 焯熟后捞出。

做法演示

❶ 用油起锅，倒入蒜末、姜片、葱白爆香。

❷ 加入胡萝卜、土豆和黄瓜炒香。

❸ 加剩余盐、味精、鸡精、蚝油调味。

❹ 放入紫苏叶，炒匀。

❺ 用水淀粉勾芡，淋入熟油拌匀。

❻ 盛出装入盘中即成。

食物相宜

可缓解胃部疼痛

土豆

＋

蜂蜜

补充营养

土豆

＋

排骨

养生常识

★ 紫苏具有发汗的作用，患风寒感冒、咳嗽、胸闷时，喝上一杯热乎乎的紫苏茶能有效缓解症状。

菠萝百合炒苦瓜

⏱ 15分钟　　❌ 降压降脂
⚖ 酸甜　　☺ 老年人

　　苦瓜可清热祛暑、明目、解毒，好处多多，可是就怕它苦。当清香之气、酸甜之味大过了苦味，你还会介意那一点点苦吗？用菠萝、百合炒制苦瓜，让菠萝的酸甜、百合的鲜香充分滋润苦瓜，更赋予成菜多层次的口感。趁热食用，定会让你赞不绝口。趁苦瓜的苦味还没上来，赶紧咽下，只留下一缕清香在齿间萦绕，着实令人回味。

材料		调料	
苦瓜	200克	盐	3克
菠萝肉	100克	鸡精	2克
红椒	20克	白糖	1克
百合	20克	水淀粉	适量
蒜末	5克	食用油	适量
葱白	5克		

食材处理

❶ 将菠萝肉切成片。

❷ 将洗净的苦瓜切开，去除瓤，切成片。

❸ 将红椒洗净，切开，去除籽，切成片。

做法演示

❶ 取炖盅，加入少许食用油。

❷ 倒入苦瓜，拌匀。

❸ 盖上盅盖，加热约3分钟。

❹ 揭开锅盖，倒入红椒、菠萝、洗好的百合，用筷子拌匀。

❺ 加入鸡精、盐、白糖拌匀调味。

❻ 盖上盅盖。

❼ 选择"家常"功能中的"快煮"模式，煮约10分钟至熟透。

❽ 揭盖，加入水淀粉勾芡。

❾ 倒入蒜末、葱白。

❿ 搅拌均匀。

⓫ 盛入盘中即成。

食物相宜

清热凉血

苦瓜

+

茄子

排毒瘦身

苦瓜

+

芦荟

小贴士

❉ 用盐水泡菠萝半小时后，能够有效破坏菠萝中的菠萝朊酶，从而去除使人过敏的成分。

红椒炒西葫芦

⏱ 3分钟　　🔪 排毒瘦身
🍲 清淡　　😊 女性

　　在健康美食的领域中，膳食纤维成了清肠道、排肠毒的代名词，而西葫芦就是富含膳食纤维的一种食材。西葫芦还含有一种干扰素的诱生剂，可刺激机体产生干扰素，提高免疫力。清炒西葫芦似乎有点单调，加以红椒点缀，赋予成菜些许色彩。虽然看起来"其貌不扬"，吃起来味道却很美哦！

材料

| 西葫芦 | 300克 |
| 红椒 | 20克 |

调料

盐	3克
鸡精	1克
水淀粉	适量
食用油	适量

食材处理

① 将西葫芦洗净，切丝。

② 将红椒洗净切丝。

做法演示

① 用油起锅。

② 倒入西葫芦。

③ 放入红椒丝。

④ 将西葫芦和红椒丝翻炒至熟。

⑤ 加盐、鸡精调味，用水淀粉勾薄芡。

⑥ 出锅装盘即可。

小贴士

☻ 烹调西葫芦，时间不宜过长，也不能煮得太烂，以免损失营养。

☻ 把西葫芦放在屋内阴凉通风处，不要沾水，也不要随意移动和磕碰，这样可以多保存一段时间。

☻ 把西葫芦放入炒锅后，可以加几滴醋，再加一点番茄酱，可使西葫芦脆嫩爽口。

食物相宜

通便排毒

西葫芦

芹菜

增强免疫力

西葫芦

洋葱

养生常识

★ 中医认为，西葫芦具有清热利尿、除烦止渴、润肺止咳、消肿散结的作用。但是，脾胃虚寒的人应少吃。

★ 西葫芦含有丰富的维生素，能改善肤色，补充肌肤的养分，让暗沉的肌肤得到恢复。

彩椒玉米

🕐 5分钟　　❌ 降低血脂

🔥 清淡　　☺ 一般人群

　　这道菜的原料比较简单，甜糯可口的玉米，配以彩椒、青椒；做法也不难，整理好食材，焯水后炒熟即可。成菜的彩椒玉米，视觉效果极佳，颜色艳丽又不失清爽感，尤其是那红、黄、绿相间，宛如一幅色彩绚丽的画卷，实在惹眼，对美食再挑剔不过的人看着也会流口水吧。

材料		调料	
鲜玉米粒	100克	盐	3克
彩椒	50克	水淀粉	10毫升
青椒	20克	味精	3克
姜片	5克	鸡精	1克
蒜末	5克	芝麻油	适量
葱白	5克	食用油	适量

食材处理

❶ 将洗净的彩椒切开，去籽，切条，改切成丁。

❷ 将洗净的青椒切开，去籽，切条，改切成丁。

❸ 将切好的彩椒和青椒装入盘中。

做法演示

❶ 锅中加约800毫升清水烧开，加少许盐、食用油拌匀。

❷ 倒入玉米粒，略煮。

❸ 倒入切好的彩椒和青椒。

❹ 煮沸后捞出备用。

❺ 用油起锅，倒入姜片、蒜末、葱白爆香。

❻ 倒入焯水后的彩椒、青椒和玉米炒匀。

❼ 加剩余盐、鸡精、味精。

❽ 炒匀调味。

❾ 倒入水淀粉勾芡。

❿ 淋入芝麻油翻炒匀至入味。

⓫ 盛出装盘即可。

食物相宜

健脾益胃，助消化

玉米

菜花

防癌抗癌

玉米

松仁

茭白五丝

- ⏱ 3分钟
- 🍴 开胃消食
- ⚖ 咸香
- 😊 一般人群

茭白五丝是一道简单的美食，主要原料有茭白丝、胡萝卜丝、青椒丝、榨菜丝、猪瘦肉丝。鲜嫩的茭白，白白胖胖煞是惹人爱，与其他食材一起烹制出一道佳肴，乍一看似乎有些大杂烩的意思。实则不然，肉香之中混合着蔬菜的清香、榨菜的咸香，强而有力地刺激着人的嗅觉和味觉，令人忍不住食指大动。

材料

榨菜头	120克
猪瘦肉	100克
胡萝卜	80克
茭白	200克
青椒	20克

调料

盐	3克
味精	1克
料酒	5毫升
水淀粉	适量
鸡精	1克
白糖	2克
芝麻油	适量
葱油	适量
食用油	适量

❶ 将茭白洗净, 切丝。

❷ 将青椒洗净, 切丝。

❸ 将胡萝卜洗净, 切丝。

❹ 将猪瘦肉洗净, 切丝。

❺ 将榨菜头洗净, 切丝。

❻ 将切好的猪瘦肉装入碗中, 加少许盐、味精、料酒和少许水淀粉, 用筷子拌匀, 腌渍 5 分钟入味。

❼ 锅中注入少许清水, 倒入榨菜丝煮开。

❽ 倒入茭白、胡萝卜丝, 焯煮 1 分钟至熟。

❾ 捞出锅中的所有材料备用。

做法演示

❶ 另起锅, 注油烧热, 倒入猪瘦肉丝, 翻炒至肉色变白。

❷ 倒入青椒丝、榨菜丝、胡萝卜丝和茭白丝, 翻炒约 1 分钟。

❸ 加剩余盐、鸡精、白糖炒匀调味。

❹ 加入少许水淀粉勾芡。

❺ 淋入芝麻油、葱油, 拌炒均匀。

❻ 盛入盘内即可。

食物相宜

增进食欲

茭白

+

黄豆芽

除烦利水

茭白

+

猪瘦肉

清热止咳

茭白

+

黑木耳

清炒芦笋

⏱ 2分钟   ✂ 降压降脂

⚖ 清淡   ☺ 高血压患者

    芦笋鲜美芳香，营养丰富，经常食用有益身体健康。芦笋经焯水后味道和品相都厚重得多，味道更脆爽，色泽更翠绿。此时不需要添加任何配饰的材料，清炒一下即可漂亮上桌了。质地细嫩、清脆爽口的芦笋，用最简单的烹调方式对待，才最能突出它的鲜嫩口感。

材料		调料	
芦笋	200克	盐	3克
		水淀粉	10毫升
		味精	3克
		白糖	3克
		料酒	3毫升
		食用油	适量

食材处理

❶ 把洗净的芦笋去皮，切成 3 厘米的长段。

❷ 锅中加水，加少许食用油，倒入切好的芦笋。

❸ 焯煮后捞出备用。

做法演示

❶ 用油起锅，倒入焯水后的芦笋，炒匀。

❷ 淋入料酒炒香。

❸ 加入盐、味精、白糖炒匀调味。

❹ 倒入水淀粉勾芡。

❺ 继续在锅中翻炒匀至熟透。

❻ 盛出装盘即可。

小贴士

✪ 芦笋以嫩茎供食用，质地鲜嫩，风味鲜美，柔嫩可口，烹调时切成薄片或小段，炒、煮、炖、凉拌均可。

✪ 芦笋中的叶酸很容易被破坏，所以若用来补充叶酸，应避免高温烹煮。

养生常识

★ 芦笋含有丰富的蛋白质、维生素、矿物质等，经常食用芦笋有益脾胃，有助于身体健康。

★ 经常食用芦笋对高血压、亚健康状态、水肿、肥胖等病症有一定辅助食疗的作用。

食物相宜

清热除烦

芦笋

+

黄花菜

降压降脂

芦笋

+

冬瓜

防癌抗癌

芦笋

+

西蓝花

冬笋丝炒蕨菜

🕐 2分钟	✖ 开胃消食		
🗄 香辣	☺ 一般人群		

　　新鲜的冬笋是笋类产品中的佼佼者，质嫩鲜美，清爽可口，营养丰富；蕨菜清脆细嫩，味道馨香。用冬笋丝炒蕨菜，让二者在烈火中充分融合，烹制的过程中散发的清新之气在鼻尖萦绕，让人顿生身处大自然的错觉。等不及盛盘，赶紧尝一口，那清爽鲜嫩的滋味在舌尖跳跃，瞬间让人迷醉。

材料		调料	
冬笋	100克	盐	3克
蕨菜	150克	鸡精	1克
红椒	20克	蚝油	5毫升
姜丝	5克	豆瓣酱	适量
蒜末	5克	水淀粉	适量
葱白	5克	食用油	适量

❶ 将洗净的蕨菜切段。

❷ 将已去皮洗好的冬笋切成丝。

❸ 将洗净的红椒切成丝。

❹ 锅中注水烧开，加入少许盐、少许鸡精、食用油拌匀。

❺ 倒入蕨菜、冬笋，拌匀，煮沸后捞出。

做法演示

❶ 锅注油烧热，倒入姜丝、蒜末、葱白、红椒炒香。

❷ 倒入冬笋、蕨菜炒匀。

❸ 加入剩余盐、鸡精。

❹ 倒入豆瓣酱、蚝油炒匀，调至入味。

❺ 加入水淀粉勾芡，翻炒均匀。

❻ 装好盘即成。

食物相宜

开胃消食

蕨菜

＋

蒜

润燥和胃

蕨菜

＋

香干

小贴士

❂ 质量好的蕨菜一般菜形整齐，无枯黄叶、无腐烂、质地优、无异味。

养生常识

★ 蕨菜对肥胖症、冠心病、高血压等病症有一定的食疗作用，但儿童、尿路结石患者、肾炎患者不宜多食。

★ 蕨菜性味寒凉，脾胃虚寒者不宜多食。蕨菜炒食适合配以鸡蛋、肉类。

丝瓜炒油条

⏱ 4分钟　　✖ 促进食欲
🧂 清淡　　☺ 一般人群

　　谁说油条一定要与豆浆、豆腐脑搭配？买回来的油条没有当即吃完，就不松脆了，弃之实在可惜，来点清新的丝瓜一起翻炒吧。油条在吸收了丝瓜清爽鲜香的味道后，变成了口感和味道层次分明的佐饭佳品。家常小炒菜最大的魅力就是，将最不起眼的食材做成最下饭的佳肴。

材料

丝瓜	300 克
油条	70 克
姜片	5 克
蒜末	5 克
胡萝卜片	20 克
葱白	5 克

调料

盐	3 克
味精	1 克
鸡精	2 克
水淀粉	10 毫升
蚝油	5 毫升
食用油	适量

食材处理

① 将洗净的丝瓜去皮切成块儿。

② 将油条切成长短等同的段。

做法演示

① 锅注油烧热，倒入姜片、蒜末、葱白、胡萝卜片爆香。

② 倒入丝瓜炒匀。

③ 加入少许清水，翻炒片刻。

④ 加入盐、味精、鸡精、蚝油。

⑤ 快速拌炒均匀。

⑥ 倒入油条，加少许清水炒1分钟至油条熟软。

⑦ 加入水淀粉勾芡。

⑧ 淋入少许熟油炒均匀。

⑨ 起锅，盛出装盘即可食用。

食物相宜

防治便秘

丝瓜

青豆

润肺清心

丝瓜

百合

小贴士

◎ 丝瓜汁水丰富，宜现切现做，以免营养成分流失。

养生常识

★ 丝瓜性寒，体弱的人或脾胃阳虚者、常便溏者慎食。

★ 月经不调者以及身体疲乏、痰喘咳嗽、产后乳汁不通的妇女适宜多吃丝瓜。

素炒三丝

⏱ 3分钟　　✖ 美容养颜
⚖ 香辣　　😊 女性

　　三丝，即香干丝、黄豆芽、青椒丝。香干、豆芽都由黄豆制成，营养丰富，其所含的维生素 E 能保护皮肤和毛细血管，防止动脉硬化以及高血压。素炒三丝，由脆爽的豆芽、豆香十足的香干、翠绿的青椒混搭出的这个完美组合，清淡却不失滋味，瞬间惊艳味觉。

材料

香干	150克
黄豆芽	30克
青椒	80克
干辣椒	5克
蒜末	5克
葱白	5克
姜片	5克

调料

盐	3克
蚝油	5毫升
料酒	5毫升
水淀粉	适量
食用油	适量

食材处理

① 将洗好的香干切成丝。

② 把洗净的青椒去蒂和籽，切成丝。

做法演示

① 用油起锅，倒入蒜末、葱白、姜片、干辣椒爆香。

② 倒入青椒丝、香干拌炒均匀。

③ 倒入洗好的黄豆芽。

④ 加盐、蚝油、料酒翻炒 1 分钟至熟。

⑤ 用水淀粉勾芡。

⑥ 盛入盘中，装好盘即可。

小贴士

- 烹调黄豆芽切不可加碱，要加少量食醋，这样才能保持 B 族维生素不损失。
- 烹调过程要迅速，或用大火急速快炒，或用沸水略焯后立刻取出调味食用。

养生常识

★ 黄豆芽可清利湿热，适宜胃中积热者食用。便秘、痔疮患者可以适量多吃。

★ 勿食无根豆芽，因无根豆芽在生长过程中喷洒了除草剂，而除草剂一般都有致畸、致细胞突变的作用。

★ 黄豆芽配豆腐来炖排骨汤，对消化不良患者、体弱者很适宜。

清热消暑

黄豆芽

+

苦瓜

润肠道

黄豆芽

+

黑木耳

消水肿，通乳汁

黄豆芽

+

鲫鱼

千张丝炒韭菜

⏱ 3分钟　　✂ 促进食欲
🌶 香辣　　😊 一般人群

　　春季是万物复苏、阳气上升的时节，春季养生当以养肝为先。韭菜正是温补肝肾的食物，其所含挥发油及硫化物等特殊成分，散发出一种独特的辛香气味，有助于疏肝理气、增进食欲。当春之精灵与营养丰富的千张汇聚在一起，碧绿与嫩白相间，顿时让我们的餐桌呈现出一片盎然的春意。

材料

千张皮	300克
韭菜	200克
洋葱	30克
红椒	15克

调料

盐	3克
鸡精	2克
蚝油	5毫升
水淀粉	适量
食用油	适量

❶ 将洗净的韭菜切成约 4 厘米长的段儿。

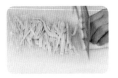

❷ 将洗好的千张皮改刀切成方片，再改切成丝。

❸ 把洗净的洋葱切成丝。

❹ 将红椒切成丝。

❺ 锅中注水烧开，倒入千张丝，焯煮约 1 分钟至熟。

❻ 捞出已焯好的千张丝。

做法演示

❶ 另起锅，注油烧热，倒入红椒、洋葱。

❷ 倒入韭菜炒约1分钟。

❸ 倒入千张丝炒匀。

❹ 加入盐、鸡精、蚝油，炒匀调味。

❺ 倒入水淀粉勾芡。

❻ 拌炒均匀，盛入盘中即成。

食物相宜

排毒瘦身

韭菜

+

黄豆芽

补肾益气

韭菜

+

鸡蛋

小贴士

✪ 选购洋葱，以葱头肥大，外皮光泽，不烂，无机械伤和泥土，鲜葱头不带叶；经贮藏后，不松软，不抽薹，鳞片紧密，含水量少，辛辣和甜味浓的为佳。

养生常识

★ 洋葱性味辛温，胃火炽盛者不宜多吃，吃太多，会使胃肠胀气。

雪里蕻炒香干

⏱ 4分钟　　✖ 开胃消食

🌶 香辣　　☺ 一般人群

　　雪里蕻又名"雪菜"，含有丰富的胡萝卜素和多种维生素，能增强肠胃的消化功能。尤其是腌渍或泡过的雪里蕻，不管与什么食材搭配，必定能烹制出餐桌上最下酒下饭的菜肴。雪里蕻炒香干，咸香、豆香、辣香浑然一体，丰富的滋味和多层次的口感时刻挑逗人的味蕾，让人爱不释口。

材料		调料	
香干	100克	盐	2克
雪里蕻	200克	味精	1克
青椒	15克	料酒	3毫升
红椒	15克	鸡精	1克
姜片	5克	蚝油	3毫升
葱段	5克	豆瓣酱	适量
		食用油	适量

❶ 将洗净的香干切成丁。

❷ 将泡雪里蕻切成丁。

❸ 将洗净的青椒切成丁。

❹ 将洗净的红椒切成丁。

❺ 热锅注油，烧至四成热，倒入香干。

❻ 滑油片刻后，捞出备用。

做法演示

❶ 锅底留油，倒入姜片、葱段。

❷ 倒入青椒、红椒爆香。

❸ 倒入雪里蕻炒匀。

❹ 倒入香干炒匀。

❺ 加盐、味精、鸡精、蚝油、料酒。

❻ 加入豆瓣酱。

❼ 翻炒至入味。

❽ 盛入盘中即可。

养生常识

★ 雪里蕻适合脑力劳动者、食欲不振者食用。

★ 患有痔疮、便血及眼疾者应少食雪里蕻。

食物相宜

益气强身

香干

+

韭菜

防治心血管疾病

香干

+

韭黄

增强免疫力

香干

+

金针菇

黄花菜炒黑木耳

⏱ 4分钟　　✖ 提神健脑
🧂 清淡　　🙂 青少年

　　黄花菜味鲜质嫩，营养丰富，尤其是所含的胡萝卜素甚至是西红柿的好几倍，可作为病后、产后者的调补品。黑木耳色泽黑褐，质地柔软，味道鲜美，有养血驻颜、祛病延年的作用。黄花菜、黑木耳虽然是再家常不过的食材，却是最有滋补功效的，二者搭配，黄黑相间，清淡适口，可补血养颜、滋阴润燥。

材料

水发黄花菜	100克
水发黑木耳	100克
葱段	10克
姜片	5克
蒜末	5克
红椒片	20克
葱白	5克

调料

盐	3克
味精	1克
鸡精	1克
蚝油	5毫升
料酒	5毫升
水淀粉	适量
食用油	适量

食材处理

❶ 将泡发洗好的黄花菜择去蒂结。

❷ 将洗好的黑木耳切成小块。

❸ 锅中注水烧开，加少许盐、食用油，倒入黑木耳略煮。

❹ 加入黄花菜。

❺ 煮沸后捞出。

做法演示

❶ 起油锅，倒入蒜末、姜片、红椒片、葱白爆香。

❷ 倒入黑木耳、黄花菜翻炒均匀。

❸ 加入料酒、剩余盐、味精、鸡精、蚝油炒至入味。

❹ 加入水淀粉勾芡。

❺ 撒入葱段，淋入熟油拌匀。

❻ 盛入盘内即可。

养生常识

★ 常吃黄花菜能滋润皮肤，增强皮肤的韧性和弹力，可使皮肤细嫩饱满、润滑柔软。

★ 黄花菜有易致过敏的成分，哮喘病患者不宜食用。

食物相宜

补血养颜

黑木耳

＋

红枣

降低血糖

黑木耳

＋

芦荟

益气强身

黑木耳

＋

山药

茶树菇炒豆角

⏱ 2分钟　　✖ 增强免疫力

🔥 清淡　　😊 一般人群

　　茶树菇口感爽脆，味道鲜美，含有人体必需的多种氨基酸，是受到众多营养学家肯定的健康食材。茶树菇并不是只有做成干锅类菜肴才最香最美味，用来炒食也不错哦！茶树菇、豆角分别滑油后同炒，既提高了营养价值，也突出了茶树菇的清香，红椒丝的加入让菜式更加悦目。成菜的茶树菇炒豆角，清爽适口且滋味无穷。

材料

材料	
茶树菇	100 克
豆角	180 克
红椒	15 克
蒜	5 克

调料

调料	
盐	3 克
生抽	3 毫升
鸡精	1 克
水淀粉	适量
食用油	适量

食材处理

❶ 将茶树菇洗净切段。

❷ 将豆角洗净切段。

❸ 将蒜切末，红椒洗净切丝。

做法演示

❶ 热锅注油，烧至六成热时，倒入茶树菇。

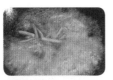
❷ 倒入豆角，滑油 1分钟至熟捞出备用。

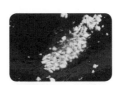
❸ 锅留底油，放入蒜末煸香。

❹ 倒入茶树菇、豆角炒匀。

❺ 加入生抽、盐、鸡精，炒匀调味。

❻ 加入水淀粉勾芡。

❼ 倒入红椒丝炒匀。

❽ 盛入盘中即成。

小贴士

❂ 豆角以豆粒数量多、排列稠密的为最优。

❂ 豆角不宜长时间保存，建议买回后 3 ～ 5 天食完。

❂ 将豆筋摘除后，烹调出来的豆角口感爽嫩，更美味。

❂ 豆角可炒、可炖、可凉拌。烹饪豆角的时间应适当长一些，食用时必须熟透。豆角在炒之前要先焯一下，成品的色泽才更翠绿。

养生常识

★ 糖尿病、肾虚患者尤其适合食用豆角。

★ 豆角多食则性滞，故气滞便结者应少食豆角。

食物相宜

健脾胃

豆角

＋

菜花

健脾养胃

豆角

＋

土豆

补中、益气、健脾

豆角

＋

猪肉

清炒荷兰豆

🕐 4分钟   ✖ 增强免疫力

△ 清淡   ☺ 一般人群

    荷兰豆是营养价值较高的豆类食物之一，经常食用，对增强人体新陈代谢功能有重要作用。荷兰豆虽然是极其普通的食材，但其鲜嫩的质感、清香的味道、脆爽的口感受到越来越多人的喜爱。采用清炒的烹调方式，可保持原汁原味，吃起来让人从味蕾到肠胃都极为享受。

材料		调料	
荷兰豆	250克	盐	3克
红椒片	20克	味精	1克
葱白	5克	料酒	5毫升
		水淀粉	适量
		食用油	适量

食材处理

❶ 将荷兰去筋洗净后装盘中备用。

做法演示

❶ 油锅烧热，倒入葱白、红椒片，炒香。

❷ 倒入荷兰豆炒约 1 分钟至熟。

❸ 淋入料酒炒香。

❹ 加入盐、味精，炒至入味。

❺ 倒入少许清水翻炒片刻。

❻ 加入水淀粉勾芡。

❼ 装好盘即可。

小贴士

☻ 荷兰豆主要吃豆荚，因此买的时候不要选太宽、太厚的，那样的荷兰豆吃起来没嚼劲，要挑大小均匀、颜色发绿的。

☻ 保存荷兰豆时，将荷兰豆放入保鲜袋内，用夹子夹紧，之后在保鲜袋的底角两边用剪子剪两个小洞，然后放入冰箱的冷藏室中冷藏即可。

养生常识

★ 荷兰豆能健脾益胃、生津止渴、止泻痢、通乳。

★ 荷兰豆多食会发生腹胀，故不宜长期大量食用。

★ 常食荷兰豆，对脾胃虚弱、小腹胀满、呕吐泻痢、产后乳汁不下、烦热口渴均有辅助食疗作用。

食物相宜

开胃消食

荷兰豆

蘑菇

健脾、通乳、利水

荷兰豆

＋

丝瓜

强身健体

荷兰豆

＋

平菇

草菇豌豆

⏲ 2分钟	✂ 防癌抗癌
🏠 鲜香	☺ 老年人

　　草菇同所有菌类一样营养丰富，肉质肥嫩，味鲜爽口，芳香浓郁，是宴席上的珍品。豌豆圆润鲜嫩，清甜爽口，无论是色泽还是味道都不错，用于宴客绝对抢眼、抢手。将草菇与豌豆搭配，清清爽爽，非常适口，盛上一勺拌着米饭吃，着实为美味的一大享受。

材料		调料	
草菇	100克	盐	3克
豌豆	100克	味精	2克
蒜末	5克	水淀粉	适量
红椒末	20克	食用油	适量
芹菜末	20克		

① 将洗净的草菇切成瓣。

② 锅中加水烧开，倒入洗好的豌豆煮约2分钟捞出。

③ 倒入草菇，焯煮约1分钟至熟，捞出备用。

做法演示

① 起油锅，倒入蒜末、芹菜末、红椒末。

② 倒入草菇。

③ 倒入豌豆，加盐、味精炒1分钟至入味。

④ 用水淀粉勾芡，淋入熟油拌匀。

⑤ 装盘即可。

小贴士

✪ 草菇适于做汤或素炒，无论鲜品还是干品都不宜浸泡过长时间。

养生常识

★ 草菇的维生素C含量高，能促进人体新陈代谢，提高机体免疫力，增强抗病能力。

★ 草菇性寒，平素脾胃虚寒之人忌食。

★ 草菇具有抑制癌细胞生长的作用，特别是对消化道肿瘤有辅助治疗作用。

食物相宜

增强免疫力

草菇

牛肉

降压降脂

草菇

豆腐

健脾益气

草菇

猪肉

口蘑炒土豆片

⏰ 4分钟　　✖ 健脾益气

🔥 香辣　　😊 一般人群

　　蘑菇是美食中最美的食材，无论与什么食物搭配都有诱人的味道，就好像人长得漂亮穿什么都好看一样。土豆是很家常的食材，却很受欢迎，具有和胃调中、健脾益气的作用。土豆片、口蘑入锅同炒，使其味道相互融合，再加入胡萝卜、青椒，色泽诱人，味道清香。成菜上桌，赶紧动筷，保证给你从内到外的清爽感觉。

材料		调料	
口蘑	120克	盐	3克
土豆	150克	水淀粉	10毫升
青椒片	30克	鸡精	1克
胡萝卜片	20克	芝麻油	适量
		食用油	适量

❶ 将洗净的口蘑切成片。

❷ 将去皮洗净的土豆切成片。

做法演示

❶ 热锅注油，烧热，倒入土豆片。

❷ 倒入口蘑，翻炒均匀。

❸ 倒入青椒片、胡萝卜片拌炒匀。

❹ 加盐、鸡精炒匀调味。

❺ 用水淀粉勾芡。

❻ 淋入芝麻油。

❼ 快速拌炒均匀。

❽ 盛出装盘即成。

小贴士

✿ 最好吃鲜蘑，市场上有泡在液体中的袋装口蘑，食用前一定要多漂洗几遍，以去掉某些化学物质。

养生常识

★ 口蘑中含有多种抗病毒成分，这些成分对辅助治疗由病毒引起的疾病有很好的效果。

★ 口蘑含热量低，可防止发胖，是理想的减肥食品。

食物相宜

均衡营养

土豆

+

咖喱

保护胃黏膜

土豆

+

牛肉

健脾开胃

土豆

+

辣椒

第3章

畜肉类：浓香下饭超美味

水产海味常被人看作至鲜、至美的食材，它们的营养更丰富，口感香嫩爽滑，鲜美的滋味让人无法抗拒。试着做一道你最喜欢的鲜味大菜，鱼、墨鱼、虾仁、蟹、蛏子……让你的味蕾蠢蠢欲动起来。

芹菜炒肉丝

⏰ 5分钟　　❌ 防癌抗癌
🍵 清淡　　😊 一般人群

　　芹菜是高膳食纤维食物，可以清除体内的废物，促进身体排毒。芹菜是一种家常食材，做法多样，如做馅、凉拌、炒着吃等。芹菜最美味的做法就是与肉丝同炒食，清脆爽口，鲜美诱人，当芹菜的浓郁芳香与肉的鲜香一同在味蕾绽放时，怎一个美字了得！

材料

芹菜	100克
红椒	15克
猪瘦肉	150克
姜片	5克
蒜末	5克
葱白	5克

调料

盐	3克
味精	1克
淀粉	适量
白糖	2克
蚝油	5毫升
料酒	5毫升
水淀粉	适量
食用油	适量

食材处理

❶ 将洗净的芹菜切成段。

❷ 将洗净的红椒切成丝。

❸ 将洗净的猪瘦肉切成丝。

❹ 将猪肉丝装入碗中加少许盐、少许味精、淀粉拌匀。

❺ 加入少许水淀粉拌匀。

❻ 淋入少许食用油，腌渍 10 分钟。

做法演示

❶ 热锅注油，烧至五成热，倒入猪肉丝。

❷ 滑油约 1 分钟至变白，捞出备用。

❸ 锅留底油，倒入姜片、蒜末、葱白、红椒炒香。

❹ 倒入芹菜炒匀。

❺ 倒入猪肉丝，加剩余盐、味精、白糖。

❻ 淋上蚝油、料酒，炒约 1 分钟至入味。

❼ 加入少许水淀粉勾芡。

❽ 翻炒均匀。

❾ 盛入盘中即可。

食物相宜

降低血压

芹菜

＋

西红柿

增强免疫力

芹菜

＋

牛肉

通便排毒

芹菜

＋

黑木耳

小南瓜炒肉丝

　　小南瓜即嫩南瓜，虽然营养成分不及老南瓜，但鲜美多汁、略带甜味，深受大众喜爱。小南瓜要吃新鲜的，尤其是与肉类搭配着炒食，小南瓜的清新甘甜与肉的鲜美相互交融，赋予这道菜更新的味觉感受。小南瓜果肉中有一种特殊物质，可促进胰岛素分泌，降低血糖水平，对防治糖尿病有一定作用。

材料

小南瓜	200 克
猪瘦肉	200 克
红椒	15 克
姜片	5 克
蒜末	5 克
葱白	5 克

调料

盐	3 克
味精	1 克
淀粉	适量
蚝油	5 毫升
料酒	5 毫升
水淀粉	适量
食用油	适量

食材处理

❶ 将洗净的红椒切成丝。

❷ 将洗净的小南瓜切成丝。

❸ 将洗净的猪瘦肉切成丝。

❹ 肉丝中加入少许盐、少许味精、淀粉，拌匀。

❺ 加入少许水淀粉拌匀。

❻ 淋入少许食用油拌匀，腌渍 10 分钟。

做法演示

❶ 热锅注油，烧至五成热，放入猪肉丝。

❷ 待到色泽变白后捞出备用。

❸ 锅留底油，加入姜片、蒜末、葱白、红椒丝，炒香。

❹ 倒入小南瓜丝炒约 1 分钟至熟。

❺ 倒入猪肉丝炒均匀。

❻ 加入蚝油、剩余盐、剩余味精。

❼ 炒匀至入味。

❽ 淋入少许料酒炒香。

❾ 加入少许水淀粉勾薄芡。

❿ 翻炒均匀。

⓫ 将做好的菜盛入盘内。

⓬ 装好盘即可。

食物相宜

美容养颜

小南瓜

芦荟

健脾养胃

小南瓜

牛肉

蒜薹炒肉

　　五花肉煸炒至出油、变色，放入焯水后的蒜薹同炒，在大火的作用下，锅中发出"滋滋"的声音，煞是娱心悦耳，最后加入红椒丝、辣椒酱提味增色即可。蒜薹的辛香、肉丝的鲜美夹杂辣椒酱的香辣滋味，便成就了一道最鲜香美味的家常菜。汤汁也不可浪费哦，用来拌米饭更美味。

材料		调料	
蒜薹	100 克	盐	3 克
五花肉	150 克	鸡精	1 克
红椒	20 克	味精	1 克
		蚝油	3 毫升
		老抽	5 毫升
		白糖	2 克
		料酒	5 毫升
		辣椒酱	适量
		食用油	适量

食材处理

❶ 将洗净的蒜薹切成 3 厘米长段。

❷ 将洗净的红椒切段，切开，去籽，切成丝。

❸ 将洗净的五花肉切成片。

做法演示

❶ 锅中加清水烧开，加食用油煮沸，倒入蒜薹。

❷ 搅匀，煮至七八成熟，捞出。

❸ 用油起锅，倒入五花肉，翻炒至出油，变色。

❹ 加入老抽、白糖、料酒。

❺ 拌炒均匀。

❻ 倒入焯水后的蒜薹。

❼ 加入切好的红椒丝。

❽ 加入盐、鸡精、味精、蚝油，炒匀。

❾ 加辣椒酱炒匀。

❿ 翻炒匀至入味。

⓫ 盛出装盘即可。

养生常识

★ 蒜薹含有辣素，其杀菌能力可达到青霉素的 1/10，对病原菌和寄生虫都有良好的杀灭作用，可以起到预防流感、防止伤口感染和驱虫的作用。

食物相宜

补充维生素 C

蒜薹

+

生菜

降低血脂

蒜薹

+

黑木耳

促进食欲

蒜薹

+

猪瘦肉

四季豆炒肉

⏰ 4分钟 ✗ 防癌抗癌
△ 清淡 ☺ 老年人

　　四季豆炒肉的做法不算讲究，四季豆、猪瘦肉分别滑油后合炒即可。色泽虽不出众，但是味道和口感很不错，猪瘦肉的浓浓香味丝毫掩盖不了四季豆最本真的味道。成菜色泽清新、味道清淡，有着让你一吃停不下口的魔力。无论你是细细品尝，还是大口咀嚼，它都不会让你失望。

材料

四季豆	300 克
猪瘦肉	150 克
红椒	15 克
姜片	5 克
蒜末	5 克
葱白	5 克

调料

盐	3 克
味精	1 克
水淀粉	10 毫升
料酒	5 毫升
鸡精	1 克
蚝油	5 毫升
淀粉	适量
食用油	适量

❶ 把洗净的红椒切成丝。

❷ 把洗好的四季豆切成约 3 厘米长的段儿。

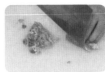

❸ 将洗净的猪瘦肉切成片。

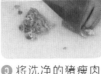

❹ 瘦肉片加入少许盐、味精、淀粉、拌匀，加入少许水淀粉拌匀。

❺ 加入少许食用油，腌渍约 10 分钟至入味。

❻ 热锅注油，烧至四成热，倒入四季豆滑油约 1 分钟至熟。

❼ 捞出滑好油的四季豆，沥干油备用。

❽ 倒入腌好的瘦肉片。

❾ 炸至白色后捞出。

做法演示

❶ 锅留底油，倒入姜片、蒜末、葱白、红椒丝，爆香。

❷ 倒入四季豆、瘦肉片。

❸ 淋入料酒，拌炒约 2 分钟至肉片熟透。

❹ 加剩余盐、鸡精、蚝油。

❺ 拌炒至入味。

❻ 加入剩余水淀粉勾芡。

❼ 翻炒均匀。

❽ 盛入盘中即可。

抗衰老

四季豆

＋

香菇

促进骨骼生长

四季豆

＋

豆腐

促进食欲

四季豆

＋

辣椒

平菇炒肉片

⏱ 3分钟　　✖ 防癌抗癌

🔲 香辣　　☺ 一般人群

　　平菇含有丰富的膳食纤维及菌糖等营养成分，可以改善人体新陈代谢、增强体质，对高血压等还有一定的食疗作用。平菇是生活中最常见的食用菌，无论是素炒，还是与肉同炒食，都鲜嫩诱人，可谓餐桌上的佳品。平菇鲜美，猪瘦肉飘香，合二为一的魅力更是令人无法阻挡。

材料

平菇	300 克
猪瘦肉	100 克
红椒片	15 克
青椒片	15 克
葱白	5 克
蒜末	5 克
姜末	5 克

调料

盐	2 克
水淀粉	10 毫升
味精	2 克
淀粉	3 克
白糖	3 克
料酒	3 毫升
老抽	2 毫升
蚝油	适量
食用油	适量

❶ 将平菇洗净切去根部备用。

❷ 将洗净的猪瘦肉切成薄片。

❸ 瘦肉片加少许淀粉、少许盐、少许味精拌匀。

❹ 加少许水淀粉拌匀，加少许食用油，腌渍10分钟。

❺ 锅中加清水烧开，加少许食用油，倒入平菇。

❻ 煮至断生后捞出。

❼ 热锅注油，烧至四成热，倒入瘦肉片。

❽ 滑油至变白色后捞出备用。

做法演示

❶ 锅底留油，倒入姜末、蒜末、葱白、青椒、红椒爆香。

❷ 倒入平菇、瘦肉片。

❸ 加剩余盐、剩余味精、白糖、蚝油、老抽、料酒炒约1分钟。

❹ 加入剩余水淀粉勾芡。

❺ 翻炒均匀。

❻ 盛出装盘即可。

食物相宜

开胃消食

猪瘦肉

＋

大白菜

消淤祛斑

猪瘦肉

＋

山楂

菜心炒肉

- ⏱ 6分钟
- ✗ 增强免疫力
- 🔲 清淡
- 🙂 一般人群

　　菜心富含钙、铁、胡萝卜素和维生素C，可清热解毒、润肠通便。菜心清炒、调味、装盘，色泽碧绿，脆嫩爽口。香菇、黑木耳、猪瘦肉炒熟，浇盖在菜心上，鲜香四溢，十分诱人。现在的餐桌上都离不开大鱼大肉，不妨搭配着菜心这样清爽的蔬菜，营养更均衡，还可解油腻。

材料		调料	
菜心	200克	盐	3克
猪瘦肉	150克	味精	1克
鲜香菇	30克	鸡精	1克
水发黑木耳	45克	水淀粉	10毫升
姜片	5克	料酒	5毫升
蒜末	5克	老抽	2毫升
葱白	5克	生抽	2毫升
		食用油	适量

 ❶ 将洗净的香菇切成片。

 ❷ 将洗好的黑木耳切成块。

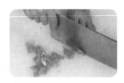 ❸ 将洗净的猪瘦肉切成片。

 ❹ 瘦肉片加少许盐、少许味精、少许水淀粉拌匀。

 ❺ 加少许食用油，腌渍10分钟入味。

做法演示

 ❶ 用油起锅，倒入洗净的菜心，翻炒均匀。

 ❷ 加少许清水炒匀。

 ❸ 加少许盐、鸡精炒匀调味。

 ❹ 将菜心盛出装盘。

 ❺ 锅中加300毫升清水烧开，倒入黑木耳。

 ❻ 倒入准备好的香菇，拌匀。

 ❼ 煮沸后捞出。

 ❽ 用油起锅，倒入姜片、蒜末、葱白爆香。

 ❾ 倒入瘦肉炒至变色。

 ❿ 倒入香菇和黑木耳，炒匀。

 ⓫ 淋上料酒。

 ⓬ 加剩余盐、剩余味精、生抽、老抽炒匀至入味。

 ⓭ 加剩余水淀粉勾芡。

 ⓮ 继续翻炒匀至充分入味。

 ⓯ 将炒好的材料盛在菜心上即成。

黑木耳大葱炒肉片

🕐 3分钟		✖ 降压降脂	
⬛ 咸香		☺ 高脂血症患者	

　　黑木耳是一种药食两用的菌类植物，含有丰富的植物胶原成分，具有较强的吸附作用。经常食用黑木耳能起到清胃涤肠的作用，因此被誉为"人体清道夫"。黑木耳与大葱、洋葱、猪肉同炒食，不仅营养更胜一筹，原本淡然无味的黑木耳经过配菜和汤汁的浸润，滋味立刻变得丰富起来。

材料

水发黑木耳	70 克
大葱	30 克
猪瘦肉	200 克
洋葱	20 克
红椒	5 克
姜片	5 克
蒜末	5 克

调料

盐	2 克
味精	1 克
鸡精	1 克
生抽	2 毫升
老抽	2 毫升
水淀粉	适量
料酒	5 毫升
蚝油	2 毫升
食用油	适量

❶ 将洗净的大葱切成段。

❷ 将洗净的洋葱切成片。

❸ 将洗净的黑木耳去蒂，切块。

❹ 将洗净的红椒切成片。

❺ 把洗好的猪瘦肉切片，装入碗中备用。

❻ 加生抽、少许盐、少许味精、水淀粉拌匀，腌渍 10 分钟。

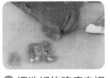

❼ 锅中注水烧热，加入油、少许盐，放入黑木耳煮沸捞出。

❽ 热锅注油，烧至四成热，倒入瘦肉片滑油。

❾ 至瘦肉片断生时捞出沥油。

做法演示

❶ 锅留底油，倒入姜片、蒜末、瘦肉片翻炒片刻。

❷ 加入老抽炒匀。

❸ 倒入黑木耳、洋葱、大葱、红椒片炒约 1 分钟至熟。

❹ 淋入料酒炒匀，加入剩余盐、剩余味精、鸡精、蚝油调味。

❺ 将做好的菜装入盘里即成。

食物相宜

降压降脂

黑木耳

＋

豆角

排毒瘦身

黑木耳

＋

大白菜

提高免疫力

黑木耳

＋

银耳

肉末韭菜炒腐竹

🕐 4分钟　　✖ 保肝护肾
🔺 咸香　　😊 男性

　　韭菜色泽碧绿，营养丰富，能温肾助阳、健脾益胃、行气理血、护肝养肝，对心脑血管疾病有一定的食疗作用。腐竹色泽黄白，油光透亮，含有丰富的蛋白质，有浓郁的豆香味。韭菜、腐竹、肉末混搭在一起，相互融合各自最鲜美的味道，食之清香爽口，别有一番风味。

材料		调料	
猪肉末	80克	盐	3克
韭菜	250克	鸡精	1克
腐竹	50克	白糖	2克
红椒丝	10克	食用油	适量

① 将洗净的韭菜切成段。

② 装入盘中。

③ 热锅注油，倒入腐竹略炸。

④ 捞出备用。

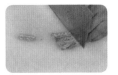

⑤ 将炸好的腐竹切成段。

⑥ 放入清水中浸泡。

做法演示

① 锅底留油，倒入猪肉末炒香。

② 倒入韭菜、红椒丝、腐竹。

③ 翻炒均匀。

④ 加入盐、鸡精、白糖调味。

⑤ 炒匀调味。

⑥ 起锅，盛入盘中即可食用。

小贴士

✪ 春季的韭菜品质最好，夏季的最差。要注意选择嫩叶韭菜。

养生常识

★ 常吃韭菜可达到祛斑、减肥的双重效果。

★ 隔夜的熟韭菜不宜食用，以免发生亚硝酸盐中毒。

食物相宜

提高人体免疫力

腐竹

+

猪肝

降血糖

腐竹

+

芹菜

促进骨骼发育

腐竹

+

鸡肉

青椒猪皮

🕐 5分钟　　✖ 美容养颜

🌶 香辣　　　☺ 女性

很多人买猪肉时，总习惯性地将猪皮切掉，殊不知这扔掉的是很好的营养保健品。肉皮中含有大量的胶原蛋白，可延缓衰老，经常食用，还可使皮肤细腻光滑、有弹性。猪皮滑油，加青椒、红椒炒食，少量食用，既不会增肥，也补养了皮肤，那柔软又不失嚼劲的口感还让你过足了瘾。对于女性来说，算得上是一道美容好菜。

材料		调料	
青椒	180 克	盐	3 克
熟猪皮	150 克	味精	1 克
红椒	15 克	水淀粉	适量
蒜叶	80 克	老抽	5 毫升
蒜末	10 克	料酒	5 毫升
姜片	10 克	辣椒油	适量
		食用油	适量

❶ 将洗净的青椒去
籽，切成细丝。

❷ 将洗净的红椒去
籽，切成细丝。

❸ 将熟猪皮刮去肥
肉，切粗丝。

❹ 将切好的猪皮用
少许老抽抓匀，腌渍
入味。

❺ 热锅注油，放入上
色后的猪皮。

❻ 滑油至断生，捞出。

做法演示

❶ 锅底留油，放入姜
片、蒜末炒香。

❷ 倒入滑油后的猪皮。

❸ 加剩余老抽、料酒
炒匀。

❹ 放入青椒、红椒
炒匀。

❺ 加少许水炒匀，淋
入辣椒油炒匀。

❻ 倒入蒜叶，加盐、
味精调味。

❼ 用水淀粉勾芡。

❽ 翻炒匀至熟透。

❾ 出锅装盘即成。

养生常识

★ 猪皮中含有大量的胶原蛋白，可使细胞得到滋润，防止皮肤褶皱，
　延缓皮肤的衰老过程。

食物相宜

美容养颜

青椒

+

苦瓜

利于维生素的吸收

青椒

+

鸡蛋

增进食欲

青椒

+

肉类

鱼腥草炒腊肉

⏱ 4分钟　　✂ 清热解毒
🧂 香辣　　☺ 一般人群

　　鱼腥草是一种爽脆的材料，药用价值、营养价值都很高，食之可清热解毒、利尿消肿。鱼腥草带有浓郁的腥味，兼有药草的苦味，生吃或凉拌实在让人难以下咽。不如换种吃法，与腊肉同炒食，你就真正能体会到鱼腥草的美味。鱼腥草炒腊肉，以腊肉的咸香充分掩盖了鱼腥草的腥味，细细咀嚼，那滋味清新满口。

材料			调料		
鱼腥草	150克		盐	2克	
腊肉	100克		辣椒酱	5克	
红椒片	20克		味精	1克	
青椒片	20克		水淀粉	适量	
干辣椒	5克		料酒	5毫升	
姜片	5克		食用油	适量	
蒜末	5克				
葱白	5克				

❶ 把洗净的鱼腥草茎切段。

❷ 把洗好的腊肉切成片。

❸ 锅中加水烧开，倒入腊肉，煮沸后捞出。

做法演示

❶ 油锅烧热，入姜片、蒜末、葱白、干辣椒、青椒、红椒炒香。

❷ 倒入腊肉翻炒均匀。

❸ 倒入鱼腥草。

❹ 淋入料酒拌炒约 2分钟至熟透。

❺ 倒入辣椒酱炒匀。

❻ 加入盐、味精调味。

❼ 加入水淀粉勾芡。

❽ 将勾芡后的菜拌炒均匀。

❾ 盛入盘内即可。

小贴士

✪ 食用的鱼腥草讲究新鲜，烹饪时最好用大火炒熟。

养生常识

★ 鱼腥草具有抗病毒的作用，鱼腥草素和鱼腥草煎剂均能明显促进白细胞的吞噬能力，增进机体免疫功能。

★ 猪肺与鱼腥草相配，具有消炎解毒、润肺祛痰的作用。

★ 鱼腥草所含的大量钾盐有补钾作用。

★ 虚寒性体质及疔疮肿疡属阴寒，无红肿热痛者不宜食用鱼腥草。

食物相宜

润肺清肺

鱼腥草

+

无花果

润肺祛痰

鱼腥草

+

猪肺

清热解毒

鱼腥草

+

金银花

马蹄炒火腿肠

🕐 5分钟　　✖ 降压降糖

🔖 清淡　　🙂 糖尿病患者

　　马蹄皮色紫黑，肉质洁白，味甜多汁，清脆可口，自古有"地下雪梨"的美称，北方则称其为"江南人参"。马蹄既可作水果生食，也可作蔬菜炒食，皆鲜美可口。成菜的马蹄炒火腿肠，红白相间，丝毫不觉得清素寡淡，反而给人耳目一新的感觉。

材料		调料	
马蹄	300 克	盐	5 克
火腿肠	100 克	味精	2 克
红椒片	20 克	白糖	2 克
姜片	5 克	水淀粉	适量
蒜末	5 克	食用油	适量
葱白	5 克		

❶ 将马蹄去皮、洗净，切丁。

❷ 将火腿肠先切条，后切丁。

❸ 锅中倒水，加少许盐、食用油烧开，放入马蹄煮沸后捞出。

做法演示

❶ 油锅烧至三成热，倒入火腿肠滑油片刻捞出。

❷ 锅留底油，倒入姜片、蒜末、红椒片、葱白。

❸ 倒入马蹄、火腿肠翻炒。

❹ 加剩余盐、味精、白糖炒入味。

❺ 用水淀粉勾芡，淋入熟油拌匀。

❻ 盛出即可。

小贴士

✿ 选购时要挑选形状完整、坚实，表皮无斑痕，最好外皮还带泥土的马蹄。

✿ 马蹄不宜冷藏，置于阴凉通风处可保存 1 周左右。

✿ 辣椒宜鲜食，最好现买现吃，不提倡储藏，可炒食。

✿ 辣椒不宜炒制过久，以免营养流失过多。

养生常识

★ 马蹄中磷的含量非常高，常食对牙齿和骨骼的生长发育有很大的好处，因此马蹄十分适合儿童食用。

★ 马蹄水煎汁能利尿排淋，对于小便淋沥者有一定的辅助治疗作用，可作为尿路感染患者的食疗佳品。

食物相宜

利尿降压

马蹄

芹菜

补气强身

马蹄

香菇

清热消暑

马蹄

＋

雪梨

韭黄炒肚丝

　　猪肚的蛋白质含量高于猪肉，具有健脾补虚的作用。猪肚的吃法以炒、煮居多，炒制时可配以各式不同的蔬菜，韭黄就是不错的"搭档"。韭黄与韭菜不同，清鲜、柔嫩，总有一种清新脱俗的香味，足以掩盖猪肚的腥味。成菜的韭黄炒肚丝，脆爽鲜嫩，只是尝一口，那爽口的滋味就足以让你欲罢不能。

材料		调料	
韭黄	150 克	盐	3 克
熟猪肚	200 克	料酒	5 毫升
红椒丝	80 克	生抽	5 毫升
		蚝油	5 毫升
		鸡精	1 克
		水淀粉	适量
		食用油	适量

❶ 将洗净的韭黄切成4厘米长段。

❷ 将洗净的猪肚切成块，再切成丝。

做法演示

❶ 锅置大火上，注油烧热，倒入肚丝。

❷ 加入料酒翻炒香，去除腥味。

❸ 加入生抽、蚝油拌炒匀。

❹ 倒入洗净切好的韭黄。

❺ 加入已切好的红椒丝。

❻ 加入盐、鸡精，翻炒至熟。

❼ 加入水淀粉勾芡。

❽ 翻炒片刻至充分入味。

❾ 将做好的菜盛入盘内即可。

小贴士

☺ 新鲜的猪肚呈白色略带浅黄，质地坚挺厚实，有光泽，有弹性，黏液较多，但无异味。

☺ 猪肚宜用盐腌好，放于冰箱内保存。

养生常识

★ 猪肚营养成分主要为蛋白质、碳水化合物、脂肪、钙、磷、铁、维生素 B_2、烟酸等，不仅可供食用，而且有很好的药用价值。

★ 猪肚性平、味甘，无毒，入脾、胃经，有补虚损、健脾胃的作用，多用于脾虚泄泻、虚劳瘦弱、小儿疳积、尿频或遗尿等症。

食物相宜

防治心血管疾病

韭黄

香干

防治便秘

韭黄

豆腐

清肺排毒

韭黄

鸭血

洋葱炒猪大肠

🕐 5分钟	✖ 润燥补虚
🔺 咸香	🙂 一般人群

　　洋葱炒猪大肠是一道经典的下饭好菜，只需要将猪大肠、彩椒、洋葱炒在一起，适量调味就好，简单易做，而且荤素搭配，营养丰富，是忙碌的上班族准备晚餐的首选。成菜的味道非常诱人，洋葱的辛辣完全被猪大肠吸收，只留下香气，猪大肠也毫无腥味、毫不腻口，彩椒的香甜更是锦上添花。

材料

洋葱	100 克
猪大肠	200 克
彩椒片	20 克
青椒片	20 克
姜片	5 克
蒜末	5 克
红椒片	20 克
葱段	5 克

调料

料酒	5 毫升
老抽	3 毫升
盐	3 克
鸡精	1 克
白糖	5 克
蚝油	5 毫升
水淀粉	适量
食用油	适量

食材处理

① 将洗好的猪大肠切成段。

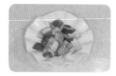

② 将洗净的洋葱切片备用。

做法演示

① 用油起锅，倒入猪大肠，翻炒片刻。

② 加入料酒、老抽炒均匀。

③ 倒入青椒片、姜片、蒜末、红椒片炒香。

④ 加入洋葱。

⑤ 拌炒至熟软。

⑥ 加盐、鸡精、白糖、蚝油炒匀调味。

⑦ 用水淀粉勾芡。

⑧ 撒上葱段炒匀。

⑨ 盛出装盘即成。

食物相宜

增强免疫力

洋葱

苦瓜

降压降脂

洋葱

玉米

增强免疫力

洋葱

西葫芦

彩椒炒腊肠

🕐 2分钟　　✂ 开胃消食

⚖ 咸香　　☺ 一般人群

　　彩椒不仅色彩缤纷，诱人食欲，还含有丰富的维生素C、椒类碱等，能增强人体免疫力，提高人体的抗病能力。腊肠是冬日最简单的美食，也是春节餐桌上必不可少的美味。彩椒炒腊肠，色泽鲜亮，腊味浓香，尤其是鲜甜的彩椒充分吸收了腊肠的汁水和滋味后，让每一口都充满了期待。

材料		调料	
彩椒	3个	盐	3克
腊肠	2根	鸡精	1克
姜片	10克	味精	1克
葱段	10克	白醋	3毫升
		料酒	5毫升
		水淀粉	适量
		食用油	适量

食材处理

❶ 把洗净的腊肠斜切成薄片。

❷ 将洗净的彩椒斜切成小块。

做法演示

❶ 炒锅注油烧热，放入姜片、葱段爆香。

❷ 倒入腊肠炒出油。

❸ 放入彩椒，倒入少许清水炒匀。

❹ 淋入白醋、料酒炒匀。

❺ 加盐、鸡精、味精调味。

❻ 翻炒至入味。

❼ 用水淀粉勾芡。

❽ 翻炒均匀。

❾ 出锅盛入盘中即可食用。

小贴士

✪ 好的腊肠色泽光润、瘦肉粒呈自然红色或枣红色；脂肪雪白、条纹均匀、不含杂质；手感干爽、腊衣紧贴、结构紧凑、弯曲而有弹性；切面肉质光滑无空洞、无杂质、肥瘦分明、手质感好；腊肠切面香气浓郁，肉香味突出。

养生常识

★ 儿童、孕妇、老年人、高脂血症患者应少食或不食腊肠。

★ 肝肾功能不全者不适合食用腊肠。

食物相宜

美容养颜

彩椒

＋

苦瓜

促进肠胃蠕动

彩椒

＋

紫甘蓝

利于维生素的吸收

彩椒

＋

鸡蛋

胡萝卜炒猪肝

⏲ 3分钟　　✗ 益气补血

🔥 鲜香　　☺ 儿童

　　猪肝富含铁质、蛋白质、卵磷脂等，是理想的补血佳品，对儿童的智力发育和身体发育有促进作用。猪肝还含有丰富的维生素 A，而胡萝卜富含的胡萝卜素也可转化为维生素 A，能保护眼睛，维持正常视力，防止眼睛干涩、疲劳。将二者同炒，可谓明目护眼大餐，经常食用可使双眸健康又明亮。

材料

胡萝卜	150 克
猪肝	200 克
青椒片	15 克
红椒片	15 克
蒜末	5 克
葱白	5 克
姜末	5 克

调料

盐	3 克
味精	1 克
水淀粉	10 毫升
淀粉	3 克
鸡精	1 克
料酒	3 毫升
蚝油	适量
食用油	适量

1 把去皮洗净的胡萝卜切成片。

2 把洗净的猪肝切片。

3 猪肝加少许盐、味精、少许料酒、淀粉拌匀。

4 加少许食用油，腌渍10分钟。

5 锅中加清水烧开，加少许盐。

6 倒入胡萝卜，加食用油。

7 煮沸后捞出。

8 倒入猪肝。

9 汆烫片刻捞出。

做法演示

1 用油起锅，入姜末、蒜末、青椒、红椒、葱白爆香。

2 放入猪肝、剩余料酒，炒匀。

3 倒入胡萝卜。

4 加剩余盐、味精、鸡精、蚝油炒匀。

5 加水淀粉勾芡，加少许熟油炒匀。

6 盛入盘中即可。

食物相宜

开胃消食

胡萝卜

+

香菜

预防脑卒中

胡萝卜

+

菠菜

猪腰炒荷兰豆

🕐 4分钟　　⚒ 补肾益气

🍚 咸香　　☺ 男性

猪腰常食有补肾、强腰、益气之功。猪腰口感鲜嫩，可烹制出各种冷热菜肴，但是猪腰的腥臊味非常重，因此须仔细处理。猪腰与荷兰豆同炒，再加入少许洋葱、黑木耳来祛腥、提味、增色，让色泽更漂亮、味道更鲜美、口感更丰富，荤素搭配营养也更均衡全面。

材料		调料	
猪腰	200 克	盐	3 克
荷兰豆	100 克	蚝油	5 毫升
洋葱	100 克	料酒	5 毫升
水发黑木耳	80 克	淀粉	适量
葱段	5 克	味精	1 克
姜片	5 克	白糖	2 克
蒜末	5 克	水淀粉	适量
		食用油	适量

❶ 把洗净的黑木耳切成片。

❷ 把洗好的洋葱切片。

❸ 把洗净的猪腰对半切开，切除筋膜，切花片，放入碗中。

❹ 加入少许盐、少许料酒，撒上淀粉，拌至入味。

❺ 锅注水烧开，入猪腰汆去血水。

❻ 捞出沥干后装盘。

做法演示

❶ 炒锅热油，放入姜片、蒜末和葱段。

❷ 倒入黑木耳、荷兰豆、洋葱，翻炒均匀。

❸ 倒入猪腰，淋入剩余料酒。

❹ 放入蚝油。

❺ 倒入少许清水，炒至熟透。

❻ 加剩余盐、味精、白糖翻炒至入味。

❼ 淋入水淀粉炒匀。

❽ 装好盘即成。

食物相宜

补肾助阳

猪腰

+

韭菜

补肾利尿

猪腰

+

竹笋

养生常识

★ 中医认为，猪腰性平味咸，归肾经，具有补肾益精的功效，主治肾虚腰痛、遗精盗汗、产后虚赢等症。

★ 猪腰含有蛋白质、脂肪、碳水化合物、钙、磷、铁和维生素等，有补肾健腰、益气理气的作用。

藕片炒牛肉

🕐 3分钟　　✖ 增强免疫力

🔺 咸香　　☺ 老年人

　　一道高品质的家常小炒，既要营养丰富、色彩亮丽，还要满足人味觉的享受。藕片炒牛肉，藕片脆嫩爽口，牛肉鲜香嫩滑，二者相互补充，相辅相成，则构成了一道口味咸香、营养均衡的菜式。青椒、红椒的点缀，让成菜更显得高雅，用于宴客绝对大受欢迎。

材料		调料	
莲藕	200克	盐	2克
牛肉	150克	味精	1克
青椒	15克	鸡精	1克
红椒	15克	淀粉	适量
蒜末	5克	生抽	1毫升
姜片	5克	老抽	1毫升
葱白	5克	料酒	5毫升
		水淀粉	适量
		食用油	适量

❶ 将洗好的莲藕切片。

❷ 把洗净的牛肉切成片。

❸ 将青椒洗净斜切成片。

❹ 将红椒洗净，也斜切成片。

❺ 牛肉片加淀粉、生抽、少许盐、少许味精拌匀，再加少许水淀粉拌匀，倒入少许食用油腌渍10分钟入味。

❻ 锅中注水烧开，加少许盐、食用油，倒入洗净切好的藕片。

❼ 煮沸后将莲藕捞出。

❽ 倒入切好的牛肉。

❾ 汆至断生后捞出。

❿ 另起锅，注油烧至四成热，倒入牛肉片，滑油片刻至熟。

⓫ 捞出滑好油的牛肉片备用。

❶ 锅置大火上，注油烧热。

❷ 放入蒜末、姜片、葱白、青椒、红椒爆香。

❸ 倒入藕片翻炒片刻。

❹ 倒入滑油后的牛肉片。

❺ 加剩余盐、剩余味精、鸡精、老抽和料酒翻炒1分钟至入味。

❻ 加入剩余水淀粉勾芡。

❼ 淋入熟油翻炒均匀。

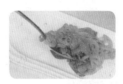

❽ 起锅，将炒好的藕片牛肉盛入盘内，即可食用。

葱香牛肉

🕐 15分钟   ✖ 健脾益气

🗄 咸香   ☺ 一般人群

　　牛肉属高蛋白、低脂肪食品，富含多种氨基酸和矿物质，消化、吸收率高。将葱白、红椒圈与牛肉爆炒成菜，牛肉香辣嫩滑，还有一股淡淡的葱香。将成菜盛入装有葱条的盘里，浓郁的葱香味肆意飘散，让牛肉的鲜香更加突出，非常诱人。常食此菜还有补虚强身、健脾养胃之效。

材料

葱条	35克
牛肉	250克
红椒圈	20克
姜片	5克
蒜末	5克
葱白	5克

调料

盐	2克
生抽	2毫升
味精	1克
白糖	2克
食粉	适量
淀粉	适量
料酒	5毫升
蚝油	3毫升
豆瓣酱	适量
水淀粉	适量
食用油	适量

❶ 将洗净的牛肉切成片。

❷ 牛肉片加入少许盐、生抽、少许味精、少许白糖、食粉拌匀。

❸ 加入淀粉后，用筷子搅拌均匀。

❹ 加入少许食用油，腌渍 10 分钟。

❺ 锅中加入约 1500 毫升清水烧开，倒入牛肉拌匀烧开。

❻ 汆烫片刻捞出。

❼ 热锅注油，烧至五成热，倒入牛肉。

❽ 滑油片刻后捞出。

做法演示

❶ 锅留底油，倒入红椒圈、姜片、蒜末、葱白炒香。

❷ 倒入牛肉，加入剩余盐、剩余味精、剩余白糖。

❸ 加入蚝油、豆瓣酱、料酒。

❹ 炒匀至入味。

❺ 加入水淀粉勾芡。

❻ 将炒好的牛肉盛入垫好洗净的葱条的盘中，摆好盘即可。

健脾养胃

牛肉

＋

洋葱

延缓衰老

牛肉

＋

鸡蛋

芹香牛肚

🕐 5分钟　　✂ 健脾益气

⚖ 清淡　　☺ 一般人群

　　香芹含有丰富的铁、锌等营养成分，有平肝降压、安神镇静、利尿消肿等作用，既可热炒，又可凉拌，深受人们喜爱。牛肚肉厚而韧，有很好的滋补作用，可补益脾胃、益气养血。香芹与牛肚同炒，脆嫩爽口，嚼劲十足，加点红椒更添滋味。

材料		调料	
香芹	120 克	盐	2 克
熟牛肚	200 克	味精	1 克
红椒	15 克	水淀粉	适量
		蚝油	5 毫升
		料酒	5 毫升
		食用油	适量

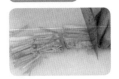

❶ 将洗好的香芹切成段。

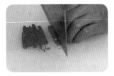

❷ 把洗净的红椒去籽，切丝。

❸ 将熟牛肚切丝。

做法演示

❶ 锅置大火上，注油烧热。

❷ 倒入熟牛肚。

❸ 加入料酒炒香。

❹ 倒入香芹、红椒丝，加味精、盐翻炒1分钟至熟。

❺ 加入蚝油炒匀。

❻ 加入水淀粉勾芡。

❼ 淋入熟油拌匀。

❽ 盛入盘内即可。

食物相宜

增强免疫力

牛肚

+

黄芪

促进消化

牛肚

+

生姜

小贴士

❖ 处理牛肚：取牛毛肚，抖尽杂物，摊于案上，将肚叶层层理顺，再用清水反复洗至无黑膜和草味，切去肚门的边沿，撕去底部的油皮；以一张大叶和小叶为一连，顺纹路切断，再将每连叶子理顺摊平，切成片，用凉水漂洗即可。

蒜薹羊肉

🕐 4分钟　　✖ 温补肾阳
⛰ 咸香　　🙂 男性

　　每次炒蒜薹都喜欢用肉来搭配,用羊肉搭配更显新意。羊肉翻炒至断生,加入蒜薹,在烈火的作用下,羊肉经蒜薹浓郁芳香的滋润,膻味渐渐变淡,起锅前加入辛辣的洋葱增添成菜的滋味,去除羊肉的膻味,色泽也更丰富。成菜的蒜薹羊肉,羊肉的细腻嫩滑与蒜薹的浓香微辣搭配得恰到好处,吃起来非常下饭。

材料		调料	
蒜薹	200克	盐	3克
羊肉	150克	味精	1克
洋葱丝	30克	生抽	3毫升
		淀粉	适量
		白糖	2克
		料酒	5毫升
		水淀粉	适量
		食用油	适量

❶ 将洗净的蒜薹切成段。

❷ 将洗净的羊肉切片。

❸ 羊肉片加少许盐、少许味精、生抽抓至入味。

❹ 撒上淀粉抓匀。

❺ 加食用油腌渍 10 分钟。

做法演示

❶ 用油起锅。

❷ 倒入羊肉片炒至断生。

❸ 倒入蒜薹炒熟。

❹ 加剩余盐、剩余味精、白糖、生抽炒至入味。

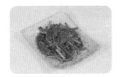

❺ 加料酒炒匀。

❻ 加水淀粉勾芡。

❼ 倒入洋葱丝炒匀。

❽ 盛入盘中即可。

食物相宜

增强免疫力

羊肉

香菜

延缓衰老

羊肉

鸡蛋

葱爆羊肉

🕐 3分钟　　✖ 补肾壮阳
🔲 咸香　　　☺ 男性

羊肉肉质细嫩，高蛋白、低脂肪，容易消化，可以抵御寒冷，还能益气补虚。葱可以去除羊肉的腥膻味，能产生特殊的浓郁香味，还有较强的杀菌作用。成菜的葱爆羊肉肉质滑嫩，鲜香不膻，略带葱香味，是补虚调身、抵御寒冷的最佳菜肴。

材料

大葱	50克
羊肉	300克
红椒	20克
姜片	5克
蒜末	5克
葱白	5克

调料

盐	3克
味精	1克
辣椒酱	适量
生抽	3毫升
淀粉	适量
水淀粉	适量
食用油	适量

食材处理

❶ 将洗好的红椒切开，改切成片。

❷ 将洗净的大葱切段。

❸ 将洗净的羊肉切片，加少许盐、味精、生抽拌匀。

❹ 加入淀粉、食用油拌匀，腌渍约10分钟。

❺ 锅中注油烧至四成热，倒入羊肉，滑油约1分钟。

❻ 捞出羊肉沥油，装盘备用。

做法演示

❶ 锅留底油，倒入姜片、蒜末、葱白爆香。

❷ 倒入大葱、红椒，炒香。

❸ 倒入滑好油的羊肉片。

❹ 加入剩余盐、剩余味精、辣椒酱、剩余生抽。

❺ 翻炒1分钟至羊肉熟透。

❻ 加入水淀粉勾芡。

❼ 淋入少许熟油，拌炒均匀。

❽ 盛入盘中即可。

养生常识

★ 羊肉适宜身体虚弱、肾阳不足、畏寒无力、阳痿者食用。

食物相宜

温中止呕

大葱

+

姜

温胃散寒

大葱

洋葱

益气开胃

大葱

牛肉

烩羊肉

🕐 6分钟　　✕ 美容养颜

⚖ 鲜　　　　☺ 女性

　　烩羊肉是河南地区的特色吃法，将各种食材与羊肉一同烩煮成菜，美味又营养。采用西红柿、洋葱、胡萝卜与羊肉烩煮成菜，不仅营养价值高，而且味道特别好。成菜的烩羊肉微酸微辣，洋葱的辛辣味正好去除羊肉的膻味，让成菜肉味更美，不腻不膻。

材料		调料	
羊肉	350 克	生抽	3 毫升
西红柿	1 个	味精	1 克
洋葱	100 克	盐	3 克
胡萝卜	100 克	料酒	5 毫升
姜片	15 克	水淀粉	适量
蒜末	15 克	白糖	2 克
葱段	15 克	番茄酱	适量
香菜段	适量	食用油	适量

食材处理

❶ 将洗净的羊肉切成片。

❷ 将洋葱切片。

❸ 将洗净的胡萝卜切成片。

❹ 把洗好的西红柿剥去皮，切成片。

❺ 羊肉加入生抽、少许料酒、少许盐、少许味精、水淀粉抓匀。

❻ 淋入少许食用油，腌渍 10 分钟入味。

做法演示

❶ 炒锅热油，放入姜片、蒜末和葱段炒香。

❷ 倒入洋葱、胡萝卜炒匀。

❸ 放入羊肉，拌炒 2 分钟至熟。

❹ 淋入剩余料酒，注入少许水，翻炒一小会儿。

❺ 倒入西红柿，烩煮 1 分钟至熟透。

❻ 加剩余盐、剩余味精、白糖调味。

❼ 倒入番茄酱炒匀。

❽ 翻炒至入味。

❾ 起锅盛入盘中，摆上香菜段即成。

食物相宜

降低血压

西红柿

＋

山楂

抗衰老

西红柿

＋

鸡蛋

炒羊肚

- 🕐 4分钟
- ▤ 鲜
- ✕ 健脾益气
- 😊 一般人群

　　羊肚是羊内脏中的佳品，可益气补虚、健脾和胃，但羊肚内壁褶皱很多，一定要清洗干净。羊肚的营养价值很高，吃法也多样，可做汤，可凉拌，也可爆炒。用青椒、红椒炒羊肚，其实是很多人喜欢吃的一种方式，脆脆的口感更让人喜欢。

材料

熟羊肚	250克
青椒片	15克
红椒片	20克
姜片	5克
蒜末	5克
葱白	2克
葱叶	3克

调料

盐	3克
味精	1克
蚝油	5毫升
水淀粉	适量
食用油	适量

食材处理

① 将熟羊肚切片。

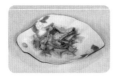
② 装入盘中备用。

做法演示

① 起油锅，倒入姜片、蒜末、葱白爆香。

② 倒入熟羊肚拌炒片刻。

③ 倒入青椒、红椒片，炒约1分钟至熟。

④ 加盐、味精。

⑤ 加入蚝油，炒匀调味。

⑥ 倒入水淀粉炒均匀。

⑦ 撒入葱叶炒匀。

⑧ 继续在锅中翻炒至熟透。

⑨ 装入盘中即成。

小贴士

✪ 羊肚整体泡在水里，稍微撒些盐，揉搓一阵，拎出来后用干燥的玉米面撒在表面，反复揉搓，之后把玉米面抖掉，再用清水冲2遍，羊肚就洗得干净了。

养生常识

★ 羊肚性味温甘，可补虚健胃，治虚劳不足、尿频多汗、消化不良等症。

食物相宜

促进肠胃蠕动

青椒

+

紫甘蓝

利于维生素的吸收

青椒

+

鸡蛋

降低血压，消炎止痛

青椒

+

空心菜

姜丝狗肉

🕐 6分钟　　✖ 温阳补肾
🗂 香辣　　😊 男性

　　狗肉与羊肉同为冬季进补佳品，蛋白质含量高，且质量极佳，有补肾益精、温补壮阳的作用。成菜的姜丝狗肉，狗肉味道醇厚，芳香四溢，姜丝软嫩，营养滋补。在冬季常食用此道菜，可以增强身体御寒能力，缓解四肢关节疼痛，尤其适合男性食用。

材料		调料	
姜丝	30克	盐	3克
狗肉	350克	料酒	3毫升
蒜苗段	10克	水淀粉	10毫升
红椒丝	20克	蚝油	5毫升
		生抽	3毫升
		食用油	适量

食材处理

❶ 将洗净的狗肉切成丝。

❷ 将狗肉盛入碗中，加入少许料酒、少许盐、生抽拌匀。

❸ 加水淀粉拌匀，腌渍 10 分钟。

做法演示

❶ 用油起锅。

❷ 倒入姜丝爆香。

❸ 倒入狗肉炒匀。

❹ 加剩余料酒炒匀。

❺ 倒入蒜苗段、红椒丝炒匀。

❻ 加入蚝油、剩余盐炒匀调味。

❼ 翻炒片刻至入味。

❽ 盛出装盘即可。

小贴士

- ✪ 色泽鲜红、发亮，且水分充足的为新鲜狗肉；颜色发黑、发紫、肉质发干者为变质狗肉。
- ✪ 烹饪时，应以膘肥体壮、健康无病的狗为佳，疯狗肉一定不能吃。

食物相宜

补肾壮阳

狗肉

+

花椒

温补脾胃，益肾助阳

狗肉

+

胡萝卜

壮阳补肾

狗肉

+

韭菜

第4章

禽肉蛋类：软滑
健康好味道

　　市场上各种禽肉和禽蛋类食材物美价廉，是居家烹饪最常见的食材。本章将为你介绍如何将禽肉、蛋类制成诱人美食，鲜香与醇味共舞，让人食欲大开。常见的食材经过充分利用也能烹调出绝美的好滋味，你也可以做到。

五彩鸡丝

🕐 2分钟　　✂ 开胃消食
⚖ 清淡　　☺ 一般人群

　　五彩鸡丝，正如其名，鸡丝配上颜色丰富的香菇丝、胡萝卜丝、红椒丝、青椒丝、土豆丝，五彩缤纷，非常漂亮，好吃又爽口。鸡胸肉属于白肉，与富含维生素C的食材搭配在一起，营养又健康，多吃也不用担心长肉。很多时候，看似一点也不搭调的食材，放在一起真的会有意想不到的效果。

材料

鸡胸肉	200 克
水发香菇	35 克
青椒	20 克
红椒	20 克
胡萝卜	20 克
土豆	20 克
蒜末	5 克
姜丝	5 克

调料

盐	4 克
味精	1 克
水淀粉	10 毫升
料酒	5 毫升
食用油	适量

 ① 将去皮洗净的胡萝卜切片，再切成丝。

 ② 将水发香菇切成丝。

 ③ 将洗净的青椒切开，去籽，切丝。

 ④ 将洗净的红椒切开，去籽，切成丝。

 ⑤ 将去皮洗净的土豆切片，再切成丝。

 ⑥ 将洗净的鸡胸肉切片，切成丝，装入碗中。

 ⑦ 加少许盐、少许味精、少许水淀粉、油拌匀腌渍。

 ⑧ 锅中加水烧开，加入少许盐、食用油，拌匀。

 ⑨ 倒入胡萝卜、土豆丝、香菇、青椒、红椒。

 ⑩ 煮约1分钟至熟，捞出备用。

 ⑪ 倒入鸡肉丝，搅散。

 ⑫ 余至转色即可捞出备用。

做法演示

 ① 用油起锅，倒入姜丝、蒜末爆香。

 ② 倒入胡萝卜、土豆、香菇、青椒、红椒。

 ③ 倒入鸡肉丝炒匀。

 ④ 加入剩余盐、剩余味精，再加入料酒。

 ⑤ 翻炒均匀使其入味。

 ⑥ 倒入剩余水淀粉。

 ⑦ 翻炒均匀。

 ⑧ 盛出装入盘中，即可食用。

鸡丝炒百合

- 🕐 3分钟
- 🍴 养心润肺
- 🔺 清淡
- 😊 女性

　　百合可养心安神、润肺止咳，煲粥或炒食，口感都很不错。鸡胸肉肉质细嫩，滋味鲜美，可增强体力、强壮身体。鸡丝炒百合，因红椒丝、青椒丝的加入，不仅颜色漂亮，也非常清新爽口。此道菜还具有较好的营养滋补功效，对身体虚弱的人非常有益。

材料		调料	
鸡胸肉	300 克	料酒	5 毫升
鲜百合	100 克	盐	3 毫升
青椒丝	20 克	味精	1 毫升
红椒丝	20 克	水淀粉	适量
姜丝	5 克	食用油	适量

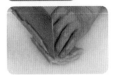

❶ 将洗净的鸡胸肉切薄片，改切成细丝。

❷ 鸡肉丝加少许盐、味精、水淀粉、食用油拌匀，腌渍10分钟。

❸ 在加盐的沸水锅中倒入洗净的百合煮约1分钟至熟。

❹ 捞出沥水备用。

❺ 将鸡肉丝倒入锅中。

❻ 余烫片刻后捞出。

❼ 油锅烧至五成热，放入鸡肉丝，滑油片刻。

❽ 捞出沥干油。

做法演示

❶ 锅留底油，倒入青椒丝、红椒丝、姜丝爆香。

❷ 倒入鸡肉丝。

❸ 放入百合。

❹ 淋上料酒。

❺ 加剩余盐、剩余味精翻炒至入味。

❻ 加入剩余水淀粉勾薄芡。

❼ 盛出即可食用。

食物相宜

补五脏、益气血

鸡胸肉

＋

枸杞子

增强食欲

鸡胸肉

＋

柠檬

健脾益气

鸡胸肉

＋

土豆

绿豆芽炒鸡丝

⏰ 2.5分钟　　✖ 清热解毒

🌡 清淡　　☺ 一般人群

绿豆芽含有丰富的膳食纤维、多种维生素及钙、铁等矿物质，能清热解毒、利尿除湿，常食用可以清肠胃洁牙齿。绿豆芽与鸡丝相配，荤素相兼，营养丰富。成菜色泽淡雅、柔脆鲜嫩、清香爽口，是夏天消暑的理想菜肴。

材料

绿豆芽	100 克
鸡胸肉	120 克
姜丝	5 克
胡萝卜丝	5 克
葱段	5 克

调料

盐	3 克
水淀粉	10 毫升
鸡精	1 克
葱姜酒汁	1 毫升
白糖	2 克
食用油	适量

食材处理

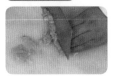

❶ 将洗净的鸡胸肉切片，再切成丝，装入盘中。

❷ 鸡肉加葱姜酒汁。

❸ 加入少许盐、少许水淀粉。

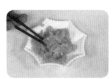

❹ 用筷子拌匀，腌渍片刻。

❺ 热锅注油，烧至五成热，倒入鸡肉丝。

❻ 滑油至熟后，捞出装盘备用。

做法演示

❶ 锅底留油，倒入洗净的绿豆芽炒匀。

❷ 加剩余盐、鸡精、白糖炒匀调味。

❸ 倒入姜丝、胡萝卜丝炒匀。

❹ 倒入鸡肉丝。

❺ 加剩余水淀粉拌炒均匀。

❻ 撒上葱段炒匀。

❼ 加入少许熟油炒匀。

❽ 盛出装盘即可。

食物相宜

通乳、美白、润肤

绿豆芽

+

鲫鱼

利尿降压

绿豆芽

+

芹菜

养生常识

★ 虚劳瘦弱、营养不良、面色萎黄者宜多食。

★ 尤其适合产妇以及体虚乏力的女性食用。

马蹄炒鸡丁

⏰ 1.5 分钟　　✖ 清热消暑

🔲 清淡　　☺ 一般人群

　　马蹄也叫荸荠，甘甜爽脆多汁，既可以当水果直接食用，也可以入菜。马蹄入菜的做法很多，可煲汤或炒食，用马蹄炒鸡丁，再加入胡萝卜、西芹提味增色，白如玉、黄如金、绿如翠，颜色好看又营养健康。在节日的餐桌上，有一道马蹄炒鸡丁，显得格外喜庆富贵哦！

材料		调料	
马蹄	140 克	盐	3 克
鸡胸肉	100 克	水淀粉	10 毫升
西芹	10 克	味精	1 克
胡萝卜	60 克	白糖	2 克
红椒片	20 克	料酒	5 毫升
姜片	5 克	食用油	适量
蒜末	5 克		

❶ 将洗净的马蹄肉切成丁。

❷ 将洗好的胡萝卜切条，再切成丁。

❸ 将洗净的西芹切成丁。

❹ 将洗好的鸡胸肉切条，再切成丁。

❺ 鸡肉盛入碗中，加入少许盐、少许白糖，抓匀，加少许水淀粉抓匀。

❻ 倒入食用油，腌渍片刻。

❼ 在锅中注入适量清水，加少许盐、食用油烧开。

❽ 倒入胡萝卜煮片刻。

❾ 倒入马蹄、西芹搅匀，煮片刻。

❿ 将煮好的材料全部捞出。

⓫ 倒入鸡丁。

⓬ 汆烫片刻捞出。

做法演示

❶ 热锅注油，烧至四成热，倒入鸡丁。

❷ 滑油至熟后捞出。

❸ 锅底留油，倒入红椒片、姜片、蒜末、马蹄、鸡丁、西芹、胡萝卜。

❹ 拌炒均匀。

❺ 加剩余盐、味精、剩余白糖、料酒炒匀调味。

❻ 用剩余水淀粉勾芡。

❼ 淋入少许熟油炒匀。

❽ 盛出装盘即可。

莴笋鸡柳

⏱ 3分钟　　✂ 促进食欲
🧂 清淡　　😊 一般人群

　　鸡柳，就是将鸡胸肉切成条状。鸡肉肉质细嫩，滋味鲜美，煎炸、炖汤、热炒均可烹制出美味佳肴。这里以莴笋与鸡柳搭配炒食，是典型的荤素搭配，营养相宜。在炒制前加蛋清、食用油等腌渍鸡柳，可增添食物的细致感，口感更丰富。成菜的莴笋鸡柳，清新淡雅，不油不腻，闻之馋涎欲滴，吃之心满意足。

材料

莴笋	100克
鸡胸肉	150克
红椒丝	20克
姜片	5克
蒜片	5克
葱段	5克

调料

盐	3克
味精	1克
蛋清	适量
白糖	2克
鸡精	1克
料酒	5毫升
水淀粉	适量
食用油	适量

❶ 把去皮洗净的莴笋切条。

❷ 把洗净的鸡胸肉切成条。

❸ 鸡胸肉加少许盐、味精、蛋清拌匀。

❹ 淋入少许水淀粉拌匀。

❺ 注入少许食用油，腌渍10分钟。

❻ 锅中加清水烧开，倒油拌匀，放入莴笋。

❼ 加少许盐拌匀。

❽ 待莴笋焯熟后捞出备用。

❾ 热锅注油，烧至四成热，倒入鸡柳拌匀，滑油片刻后捞出。

做法演示

❶ 锅底留油，倒入姜片、蒜片、红椒丝、葱段爆香。

❷ 倒入莴笋、鸡肉。

❸ 淋入料酒，翻炒均匀。

❹ 加剩余盐、白糖、鸡精调味。

❺ 翻炒至熟。

❻ 用少许水淀粉勾芡。

❼ 翻炒均匀。

❽ 出锅装盘即成。

食物相宜

补虚强身，
丰肌泽肤

莴笋

＋

猪肉

利尿通便，
降脂降压

莴笋

＋

芹菜

小炒鸡肫

🕐 4分钟　　✗ 开胃消食

⬛ 香辣　　　☺ 一般人群

　　鸡肫就是鸡的胃，韧脆适中，有消食导滞的作用。鸡肫的吃法多样，可卤，可炒，可凉拌，而采用小炒的方式最为下饭下酒。鸡肫腌渍后汆至断生，与青椒、红椒入锅，急火快炒至熟。成菜的小炒鸡肫，色彩鲜艳，口感爽脆，此时酌一小口酒，尝一块香辣的鸡肫，那才叫一个美滋滋。

材料		调料	
鸡肫	200克	料酒	3毫升
青椒	20克	盐	4克
红椒	20克	味精	2克
芹菜	50克	豆瓣酱	适量
姜片	5克	水淀粉	适量
蒜末	5克	淀粉	适量
葱白	5克	食用油	适量

❶ 将青椒洗净，切开去籽，斜切成块。

❷ 将红椒洗净，对半切开，斜切成块。

❸ 将片菜洗净切成段。

❹ 将鸡胗洗净，改刀切成块。

❺ 鸡胗加入少许盐、少许料酒拌匀，加淀粉拌匀，腌渍 10 分钟入味。

❻ 锅中加清水烧开，倒入切好的鸡胗。

❼ 汆至断生捞出。

❽ 热锅注油，烧至四成热，倒入鸡胗。

❾ 滑油片刻后捞出备用。

做法演示

❶ 锅底留油，倒入姜片、蒜末、葱白爆香。

❷ 倒入红椒、青椒炒均匀。

❸ 倒入鸡胗炒约 2 分钟至熟透。

❹ 加入剩余料酒炒香。

❺ 加剩余盐、味精、豆瓣酱炒匀调味。

❻ 倒入切好的芹菜段。

❼ 加水淀粉勾芡。

❽ 翻炒片刻至入味。

❾ 盛出装盘即可。

食物相宜

防治心血管疾病

鸡胗

绿豆芽

健脾消食

鸡胗

胡萝卜

养生常识

★ 贫血、上腹饱胀、消化不良者适合食用鸡胗。

★ 芹菜不要炒制太久，以免影响其脆嫩口感。

芹菜炒鸡杂

⏱ 3分钟　　✗ 开胃消食
⚖ 鲜　　　　☺ 一般人群

　　鸡杂，就是鸡的各种内脏，虽然听起来感觉很难登大雅之堂，但经过精心处理后一样美味。洗净的鸡杂，经腌渍后入锅翻炒，在烹调的过程中加入姜片、芹菜、红椒丝等配料，可以去除鸡杂残留的异味，并增鲜添香。成菜的芹菜炒鸡杂，鸡胗脆，鸡肝嫩，鸡肠筋道，和芹菜的浓香混合在一起，越吃越香，让你一吃就停不下来。

材料		调料	
芹菜	120克	盐	2克
鸡杂	200克	味精	1克
姜片	5克	料酒	5毫升
红椒丝	20克	蚝油	5毫升
		水淀粉	适量
		食用油	适量

❶ 将洗好的芹菜切成段。

❷ 将洗净的鸡杂切十字花刀，改切成块，装入碗中。

❸ 加入料酒、少许盐、少许味精，搅拌均匀，腌渍6分钟。

做法演示

❶ 热锅注油烧热，倒入鸡杂，翻炒片刻。

❷ 倒入姜片炒匀。

❸ 倒入芹菜，炒1分钟至熟透。

❹ 放入红椒丝。

❺ 加入剩余盐、剩余味精、蚝油调味，淋入水淀粉炒匀。

❻ 盛入盘中即成。

食物相宜

降低血压

芹菜

西红柿

增强免疫力

芹菜

牛肉

小贴士

✪ 要选用色泽鲜绿、叶柄厚实、茎部稍呈圆形、内侧微向内凹的芹菜。

✪ 鸡杂若要保存，需要把鸡杂刮洗干净，放入清水锅内煮至近熟，捞出用冷水过凉，控去水分；用保鲜袋包裹成小包装，放冰箱冷冻室内冷冻保存，食用时取出自然化冻即可。

✪ 芹菜不要炒制太久，以免影响其脆嫩口感。

辣炒鸭丁

🕐 7分钟　　✂ 开胃消食
⚖ 辣　　　　☺ 一般人群

　　鸭肉是进补的优良食物，营养价值很高，尤其适合秋季食用。成菜的辣炒鸭丁，油光红亮，鸭肉外酥里嫩，还有那香香的辣，滋味悠长而绵软，自然而醇厚，闻到就直流口水。朝天椒是此菜大受欢迎的秘诀，千万不要低估它的辣度，吃过此菜才会让你真正体会到什么叫畅快淋漓、辣到泪奔。

材料

鸭肉	350 克
朝天椒	25 克
干辣椒	10 克
姜片	5 克
葱段	5 克

调料

盐	3 克
料酒	5 毫升
味精	1 克
蚝油	5 毫升
水淀粉	适量
辣椒酱	适量
辣椒油	适量

食材处理

❶ 将鸭肉洗净斩丁。

❷ 将朝天椒洗净切圈。

做法演示

❶ 用油起锅，倒入鸭丁炒香。

❷ 加料酒、盐、味精、蚝油，翻炒约2分钟至熟。

❸ 倒入少许清水，加辣椒酱炒匀。

❹ 倒入姜片、葱段、朝天椒、干辣椒炒香。

❺ 加水淀粉勾芡，淋入少许辣椒油拌匀。

❻ 翻炒均匀。

❼ 装盘即可。

食物相宜

滋阴润肺

鸭肉

＋

雪梨

滋润肌肤

鸭肉

＋

百合

小贴士

- ❂ 要选用色泽明亮、无异味的鸭肉。
- ❂ 辣椒不要放太多，以免过辣而掩盖鸭肉的鲜味。
- ❂ 炒制时可以加入少许柠檬汁，可以去腥且能使菜肴更加鲜美。
- ❂ 可以用腌、熏、冷冻等方式保存鸭肉。

养生常识

★ 阳虚脾弱、外感未清、便泻肠风者不宜多食。

双椒炒鸭肫

🕐 5分钟　　✂ 开胃消食
🔥 辣　　　　☺ 一般人群

鸭肫肉质紧密，脆韧耐嚼，无油腻感，是老少皆喜爱的佳肴珍品。鸭肫处理干净、切片、腌渍后，入锅爆炒，口感更加脆嫩；加入姜片、葱段、青椒、红椒，去除异味，增色添香，以呈现完美的口感。待成菜上桌，夹一块放在口中慢慢咀嚼，那脆爽筋道的口感、"咯吱咯吱"的响声，让人感到无限欢快。

材料

青椒	20克
红椒	20克
鸭肫	250克
姜片	10克
葱段	5克

调料

料酒	5毫升
盐	3克
淀粉	适量
味精	1克
蚝油	5毫升
水淀粉	适量
芝麻油	适量
食用油	适量

❶ 将鸭胗处理干净，切成片。

❷ 将红椒洗净，斜切段；青椒洗净，斜切段。

❸ 鸭胗加料酒、少许盐、淀粉拌匀，腌渍10分钟。

做法演示

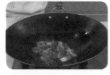

❶ 用油起锅，倒入鸭胗爆香。

❷ 加入姜片、葱段炒约3分钟至熟。

❸ 倒入青椒段、红椒段，拌炒至熟。

❹ 加剩余盐、味精、蚝油调味。

❺ 加入水淀粉勾芡，淋入芝麻油拌匀。

❻ 装盘即成。

小贴士

● 新鲜的鸭胗外表呈紫红色或红色，表面富有弹性和光泽，质地厚实；不新鲜的鸭胗为黑红色，表面无弹性和光泽，肉质松软。

● 炒制时加入少许辣椒油，可以使成品口感更鲜香。

● 如果购买冷冻鸭胗，可直接放冰箱冷冻室内冷冻保存；如果是新鲜的鸭胗则不宜长期保存，最好尽快食用完。

养生常识

★ 脾胃气虚、贫血、食欲不振者适合食用鸭胗。

★ 上腹饱胀、消化不良者可多吃鸭胗。

★ 消化性溃疡、食管炎、咽喉肿痛、痔疮患者不宜多食这道菜。

食物相宜

辅助治疗遗精

鸭胗

芡实

健脾

鸭胗

薏米

辅助治疗小儿脾虚疳积

鸭胗

山药

香椿炒蛋

🕐 3分钟　　✖ 升发阳气

⊡ 鲜　　　　☺ 一般人群

　　俗语说"三月八，吃椿芽"。每年农历三月是香椿芽上市的时节，每次闻到香椿那特有的带着春天气息的香味，就无法阻止口水的分泌了。香椿入菜，能烹调出各种特色菜肴，如香椿鱼、香椿炒鸡蛋，可升发阳气。香椿炒鸡蛋，香椿的浓郁混合着鸡蛋的鲜香，松软可口，简直是吃在嘴里、美到心间。

材料		调料	
香椿	150克	盐	3克
鸡蛋	2个	味精	1克
		鸡精	1克
		食用油	适量

❶ 将洗净的香椿切 1 厘米长段。

❷ 将鸡蛋打入碗中，打散调匀。

❸ 加入少许盐、少许鸡精调匀。

做法演示

❶ 用油起锅，倒入蛋液，拌匀。

❷ 翻炒至熟，盛出装盘备用。

❸ 锅中加约 1000 毫升清水烧开，加少许食用油。

❹ 倒入切好的香椿。

❺ 煮片刻后捞出。

❻ 用油起锅，倒入香椿炒匀。

❼ 加剩余盐、味精、剩余鸡精炒匀。

❽ 倒入煎好的鸡蛋，翻炒至入味。

❾ 盛出装盘即可。

食物相宜

清热解毒

香椿

＋

竹笋

美容润肤

香椿

＋

豆腐

小贴士

♻ 香椿焯水是为了去除香椿芽中的亚硝酸盐。

♻ 加入少许芝麻油，味道会更香。

♻ 要选用新鲜、脆嫩的香椿。

养生常识

★ 香椿为发物，多食易诱使痼疾复发，故慢性疾病患者应少食或不食香椿。

苦瓜炒蛋

🕐 4分钟　　✖ 增强免疫力
🅰 清淡　　　☺ 一般人群

　　不爱吃苦瓜的人总是闻之色变，而爱吃苦瓜的人，总是不断琢磨苦瓜的做法，用苦瓜炒鸡蛋就是简单又营养的美味。苦瓜炒蛋，除了用油、盐、白糖外，不需要其他调料，以保持苦瓜的清苦和鸡蛋的鲜香。炒出来的苦香之气中，潜藏着丝丝鲜香，即使再挑剔的舌头也难以抗拒。

材料

苦瓜	350克
鸡蛋	2个
红椒片	10克
葱白	7克

调料

盐	3克
白糖	3克
大豆油	适量

食材处理

❶ 将苦瓜洗净，切片。

❷ 鸡蛋打入碗内，加少许盐打散。

做法演示

❶ 用大豆油起锅，倒入蛋液拌匀。

❷ 鸡蛋炒熟盛出。

❸ 锅底留油，倒入苦瓜、红椒片、葱白翻炒至熟。

❹ 加剩余盐、白糖调味，倒入鸡蛋。

❺ 翻炒均匀。

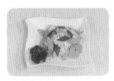

❻ 即可出锅。

小贴士

- ✪ 蛋液中加少许清水，炒出的鸡蛋会更鲜嫩爽口。
- ✪ 想要苦瓜和鸡蛋粘一起，要先把苦瓜的水分控干。
- ✪ 煎蛋的油不能太少，否则煎出的蛋会比较干，不够香。
- ✪ 苦瓜尽量切薄一些口感更好，且苦瓜的量不要太多。
- ✪ 炒制时加入少许芝麻油，可以使炒出来的菜肴更加鲜香。

食物相宜

增强免疫力

苦瓜

+

洋葱

清热解毒

苦瓜

+

猪肝

降低血糖

苦瓜

+

银鱼

玉米炒蛋

🕐 2分钟　　🍴 健脾益气

🔥 清淡　　😊 儿童

　　玉米炒蛋是一道非常受欢迎的小炒菜，食材主要有青豆、玉米粒、胡萝卜、火腿、鸡蛋。在色泽金黄的鸡蛋中，融入了玉米的香甜、胡萝卜的营养、火腿的美味以及青豆、葱花的清香，味道鲜美，口感丰富，营养全面，可谓老少皆宜。在悠闲的周末，来一道简单的玉米炒蛋，相信会给平淡的餐桌带来一点小小的惊喜。

材料		调料	
玉米粒	60克	盐	3克
鸡蛋	4个	味精	1克
青豆	50克	鸡精	1克
胡萝卜	70克	食用油	适量
火腿	50克		
葱花	5克		

❶ 将火腿切成条，再切成粒。

❷ 将去皮洗净的胡萝卜切粒。

❸ 鸡蛋打入碗内，加入少许盐、鸡精。

❹ 用筷子匀速地搅拌均匀。

❺ 锅加水烧开，加剩余盐、味精、油，倒入胡萝卜、玉米粒、青豆煮熟。

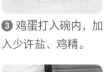

❻ 用漏勺捞出备用。

❼ 将油锅烧至四成热，倒入火腿粒炸至米黄色。

❽ 用漏勺捞出。

做法演示

❶ 锅底留油，倒入蛋液拌匀。

❷ 倒入火腿粒。

❸ 放入胡萝卜、玉米粒、青豆炒熟。

❹ 淋入熟油。

❺ 撒上葱花炒匀。

❻ 盛入盘中即可。

食物相宜

增强免疫力

鸡蛋

＋

干贝

保肝护肾

鸡蛋

＋

韭菜

小南瓜炒鸡蛋

- 🕐 3分钟
- 🔥 降压降糖
- 🍲 清淡
- 😊 糖尿病患者

　　小南瓜炒鸡蛋是一道简单的快手菜，但营养颇为丰富。鸡蛋含有丰富的蛋白质、多种维生素和矿物质，能够迅速补充人体所需营养，从而恢复体力、脑力。而小南瓜有较高的食用价值，其所含的钴是人体合成胰岛素所必需的微量元素，对防治糖尿病有较好的效果。

材料		调料	
小南瓜	350克	盐	3克
鸡蛋	2个	鸡精	1克
		水淀粉	适量
		食用油	适量

食材处理

❶ 将洗净的小南瓜切成丝。

❷ 将鸡蛋打入碗中，加入少许盐。

❸ 打散调匀。

做法演示

❶ 热锅注油，烧至五成热，倒入蛋液，翻炒片刻。

❷ 起锅盛碗中备用。

❸ 锅中加入少许油，倒入小南瓜丝翻炒约1分钟。

❹ 加入剩余盐、鸡精。

❺ 倒入鸡蛋翻炒片刻。

❻ 加入水淀粉勾芡。

❼ 盛入盘内。

❽ 装好盘即可食用。

小贴士

✪ 小南瓜切丝后很容易熟，所以炒制时要大火快炒。

✪ 搅鸡蛋时尽量顺着一个方向，这样炒出来的鸡蛋味道更好。

食物相宜

滋肝补肾

小南瓜

虾仁

清脾除湿

小南瓜

百合

养肝明目

小南瓜

+

猪肝

第5章

水产海鲜类：香嫩爽滑真鲜美

水产海鲜常被人看作至鲜、至美的食材，它们的营养更丰富，口感香嫩爽滑，鲜美的滋味让人无法抗拒。试着做一道你最喜欢的鲜味大菜，鱼、墨鱼、虾仁、蟹、蛏子……让你的味蕾蠢蠢欲动起来。

鲜百合嫩鱼丁

⏱ 3分钟　　✗ 养心润肺
🧂 清淡　　😊 女性

　　草鱼含有丰富的不饱和脂肪酸，对血液循环有利，是心血管患者的良好食物；加之草鱼肉嫩而不腻，拿来炒着吃也不错。百合肉质肥厚、醇甜清香，西芹脆嫩爽口，胡萝卜清甜营养，与鱼肉同炒食，不仅丰富了颜色和味道，营养也更加全面了。成菜装入盘中，红、白、绿相间，好似满园春色。

材料

鲜百合	100克
草鱼肉	150克
西芹	50克
胡萝卜丁	50克
姜片	5克
葱白	5克

调料

盐	3克
味精	1克
白糖	1克
料酒	5毫升
水淀粉	适量
食用油	适量

❶ 将洗净去皮的鱼肉切成薄片，再切成细条，最后改切成鱼丁。

❷ 将择洗干净的西芹对半切条，再改切成细丁。

❸ 鱼丁加入少许盐、少许味精，倒入少许水淀粉拌匀腌渍10分钟。

❹ 锅中加清水烧开，加入少许盐、油煮沸，倒入胡萝卜丁。

❺ 放入西芹。

❻ 倒入已洗好的鲜百合片。

❼ 煮片刻后用漏勺捞出备用。

❽ 在沸水锅中倒入鱼丁。

❾ 汆水片刻后用漏勺捞出。

❿ 油锅烧至四成热，放入鱼丁，炸片刻。

⓫ 取出鱼丁沥干油。

清心润肺

百合

+

莲子

润肺止咳

百合

+

雪梨

❶ 锅底留油，倒入姜片、葱白爆香。

❷ 加入西芹、胡萝卜丁、鲜百合。

❸ 放入已炸好的鱼丁。

❹ 加剩余盐、剩余味精、白糖，淋入料酒炒至入味。

❺ 加水淀粉勾芡。

❻ 淋入熟油拌匀，盛入盘中即可。

豆豉炒鱼片

- 🕐 5分钟
- ✗ 开胃消食
- 🧂 咸香
- 🙂 一般人群

　　草鱼含有丰富的蛋白质和多种维生素、矿物质，是病后康复、体虚者的滋补珍品；还含有丰富的硒元素，经常食用有抗衰老、养颜的作用。鱼肉肉质细腻，口感滑嫩，经滑油后外焦里嫩；豆豉炒香，加各种调料调成芡汁浇在鱼肉上，鲜香十足，开胃又下饭。

材料		调料	
豆豉	适量	盐	3克
草鱼	200克	味精	1克
油菜	150克	白糖	2克
蒜末	5克	蚝油	5毫升
姜片	5克	生抽	3毫升
彩椒粒	20克	淀粉	适量

❶ 将洗净的油菜对半切开。

❷ 将去骨的草鱼肉切成片。

❸ 草鱼片加少许盐拌匀，撒上淀粉拌匀腌渍 10 分钟。

❹ 沸水锅中加食用油、少许盐，倒入油菜焯 1 分钟至熟。

❺ 用漏勺捞出备用。

做法演示

❶ 油锅烧至五成热，倒入鱼片滑油至熟。

❷ 捞出备用。

❸ 将焯熟的油菜垫在盘中。

❹ 叠放上滑炒全熟的鱼片。

❺ 锅留底油，入豆豉、蒜末、姜片、彩椒拌炒香。

❻ 加入蚝油、生抽炒均匀。

❼ 倒入少许清水煮沸。

❽ 加入剩余盐、味精、白糖调成芡汁。

❾ 将芡汁浇在盘中即可食用。

增强免疫力

草鱼

＋

豆腐

祛风、清热、平肝

草鱼

＋

冬瓜

韭菜花炒小鱼干

⏱ 3分钟   ✂ 开胃消食

🔲 咸香   🙂 老年人

  韭菜花的茎像葱，有很好的食疗价值，可开胃、促进消化。韭菜花入口柔软又有韧性，还有一丝浅浅的辛辣味；小鱼干酥脆可口，鲜香之中带有一点微微的咸味。二者同炒食，不仅爽口开胃，而且很下饭，还可以根据自己的口味加点红椒丝或剁椒，让成菜更香辣适口。

材料		调料	
韭菜花	300克	盐	3克
小鱼干	40克	味精	2克
姜片	5克	水淀粉	10毫升
蒜末	5克	白糖	3克
红椒丝	20克	生抽	3毫升
		料酒	5毫升
		食用油	适量

食材处理

❶ 将洗净的韭菜花切成约 3 厘米长段。

❷ 热锅注油，烧至五成热，倒入鱼干。

❸ 炸片刻后捞出。

做法演示

❶ 锅底留油，倒入姜片、蒜末爆香。

❷ 放入鱼干、料酒炒匀。

❸ 加白糖、生抽炒匀。

❹ 倒入韭菜花、红椒丝。

❺ 炒约 1 分钟至熟。

❻ 加盐、味精，炒匀调味。

❼ 加水淀粉勾芡。

❽ 加少许熟油炒匀。

❾ 盛出装盘即可。

小贴士

✪ 韭菜花是秋季时菜。将韭菜花配着肉丝一起炒，清香异常。但是韭菜花的上市时间较短，大约 1 星期，时间一过，韭菜花就结籽了，自然不能吃了。

养生常识

★ 食用韭菜花，有增强食欲、促进消化的作用。食欲不振、厌食症者可以适当食用。韭菜花也有护肤美白的作用，女性朋友可以多吃。但是，隔夜的韭菜花就最好不要食用了，以免发生亚硝酸盐中毒。

食物相宜

可缓解感冒和胃寒呕吐

姜

+

柑橘

降逆止呕

姜

+

甘蔗

预防感冒

姜

+

大葱

芹菜炒鳝丝

鳝鱼富含DHA和卵磷脂，二者均是人体脑细胞不可缺少的营养物质，食用鳝鱼能够起到补脑健身的作用。鳝鱼鲜美细滑，因芹菜的加入、彩椒丝的点缀，鳝鱼肉的鲜嫩中又多了芹菜的鲜香、彩椒的香甜，味道变得更加诱人，口感美妙无比。每个人品尝过之后都会被它深深吸引。

材料

芹菜	100克
鳝鱼肉	150克
彩椒丝	20克
姜片	5克
葱白	5克

调料

料酒	5毫升
盐	3克
味精	1克
水淀粉	适量
淀粉	适量
食用油	适量

❶ 将洗净的芹菜切段。

❷ 将鳝鱼肉切短段，装入碗中备用。

❸ 淋上料酒、少许味精、少许盐、淀粉拌匀腌渍10分钟。

❹ 锅中加清水烧开，倒入鳝鱼肉。

❺ 汆烫至断生后用漏勺捞出。

❻ 油锅烧至五成热，放入鳝鱼肉滑油片刻捞出。

做法演示

❶ 锅留底油，倒入彩椒丝、姜片、葱白一同爆香。

❷ 倒入芹菜炒香。

❸ 倒入鳝鱼肉，淋入料酒。

❹ 加入剩余盐、剩余味精炒熟入味。

❺ 淋入水淀粉和熟油拌匀。

❻ 盛入盘中即可。

食物相宜

补血养肝

鳝鱼

+

金针菇

增强免疫力

鳝鱼

+

韭菜

小贴士

✪ 鳝鱼宰杀前需要用淡盐水养一会儿，使其吐出体内的脏物。腌渍鳝鱼时，若放入少许柠檬片，可以有效去除腥味，还能增加成菜的清香。

彩椒墨鱼柳

🕐 2分钟　　✖ 补血养颜

🜂 鲜　　　　☺ 女性

　　墨鱼肉味微咸，性温，有补益精气、通调月经、收敛止血、美肤乌发的作用。彩椒墨鱼柳是一道美容养颜菜，一定要多吃哦！因为彩椒和墨鱼中都含有丰富的维生素E，而且墨鱼富含蛋白质和矿物质，这些营养成分都有助于新陈代谢和抗衰老，还可使皮肤变得光滑细腻。

材料		调料	
彩椒	100克	盐	3克
墨鱼	150克	味精	1克
蒜末	5克	水淀粉	适量
姜片	5克	料酒	5毫升
葱段	5克	白糖	2克
		食用油	适量

食材处理

 ❶ 将洗净的彩椒去籽，切成条。

 ❷ 将处理好的墨鱼切条，装入碗中备用。

 ❸ 加少许盐、味精拌匀，倒入水淀粉拌匀。

 ❹ 锅中加清水烧开，加入少许盐、食用油。

 ❺ 倒入彩椒焯约 1 分钟。

 ❻ 捞出焯好的彩椒。

 ❼ 倒入墨鱼。

 ❽ 汆烫片刻后捞出备用。

做法演示

 ❶ 用油起锅，放入姜片、蒜末、葱段爆香。

 ❷ 倒入彩椒、墨鱼。

 ❸ 加入料酒。

 ❹ 加入剩余盐、剩余味精、白糖、水淀粉。

 ❺ 拌炒至入味。

 ❻ 盛出装盘即可。

养生常识

★ 心脑血管疾病、高脂血症患者不宜多食墨鱼。

食物相宜

补肝肾

墨鱼

＋

金针菇

补血

墨鱼

＋

花生

荷兰豆炒墨鱼

🕐 3分钟　　❌ 补血养颜
🔔 鲜　　　　☺ 女性

　　荷兰豆是一种很好的食材，所含的蛋白质不仅丰富，而且包含了人体所必需的多种氨基酸；还含有丰富的维生素C，有美容润肤、增强免疫力的作用。荷兰豆用来清炒、烧汤都有一种清香味，特别好闻，用于搭配墨鱼进行炒制，更是美味，口感鲜脆爽口，清香而不腻，非常惹人爱。

材料

荷兰豆	100克
墨鱼	150克
胡萝卜片	20克
姜片	10克

调料

盐	2克
味精	1克
白糖	1克
料酒	5毫升
水淀粉	适量
食用油	适量

食材处理

❶ 将洗净的墨鱼打上网格花刀后切小块。

❷ 将切好的墨鱼片装入盘中备用。

❸ 锅中注水，加少许盐和食用油煮沸后倒入墨鱼略煮。

❹ 倒入胡萝卜片和洗好的荷兰豆，拌匀。

❺ 焯片刻后，捞出备用。

做法演示

❶ 热锅注油，倒入姜片煸香。

❷ 加墨鱼、荷兰豆、胡萝卜炒1分钟至熟。

❸ 加入剩余盐、味精、白糖和料酒，炒匀调味。

❹ 倒入水淀粉炒匀。

❺ 将炒好的菜肴盛入盘内。

❻ 装好盘即可食用。

小贴士

✿ 优质鲜墨鱼的腹部颜色是均匀的；劣质鲜墨鱼的鱼身上有"吊白块"，腹部的颜色不均匀。此外，优质的鲜墨鱼鱼身滑润细腻，劣质的则粗糙得多。

养生常识

★ 墨鱼的蛋白质虽然很高，矿物质的含量也较多，但是多食则不易消化。因此，胃炎患者、胃肠功能低下者和消化功能差的老年人、幼儿不宜食用。

食物相宜

提高免疫力

荷兰豆

蘑菇

润肠通便

荷兰豆

+

蒜薹

排毒养颜

荷兰豆

芹菜

丝瓜木耳炒鲜鱿

🕐 4分钟		✖ 美容养颜	
🔺 鲜		🙂 女性	

　　丝瓜中含有延缓皮肤老化的维生素 B_1、增白皮肤的维生素 C 等成分，能保护皮肤、消除斑块，使皮肤洁白、细嫩，是不可多得的美容佳品，故丝瓜有"美人水"之称。丝瓜木耳炒鲜鱿是粤菜中一道比较经典的快手小炒，营养又健康，并且色彩鲜艳，鲜嫩爽脆，让人很容易就爱上它。

材料		调料	
丝瓜	100克	盐	3克
水发黑木耳	70克	味精	1克
净鱿鱼	200克	鸡精	1克
红椒片	20克	料酒	5毫升
洋葱片	20克	淀粉	适量
姜片	5克	蚝油	5毫升
蒜苗段	10克	水淀粉	适量
		食用油	适量

食材处理

❶ 将已去皮洗净的丝瓜斜切成片。

❷ 把发好的黑木耳切成瓣。

❸ 将鱿鱼打上麦穗花刀,切成片;鱿鱼须切段。

❹ 鱿鱼加少许料酒、少许盐、少许味精、淀粉拌匀,腌渍10分钟。

❺ 锅中注水烧开,加少许盐和食用油,倒入黑木耳煮沸捞出。

❻ 倒入鱿鱼拌匀,煮沸后捞出。

做法演示

❶ 锅中注油烧热,倒入洋葱、红椒、姜片、蒜苗爆香。

❷ 倒入鱿鱼。

❸ 加入剩余料酒炒匀。

❹ 倒入丝瓜翻炒约1分钟至熟。

❺ 加黑木耳、蚝油、剩余盐、剩余味精、鸡精炒匀。

❻ 加入水淀粉勾芡。

❼ 淋入熟油炒匀。

❽ 盛入盘内即可。

食物相宜

益气强身

丝瓜

+

蘑菇

润肺益气

丝瓜

+

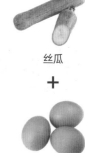

鸡蛋

养生常识

★ 脾胃虚弱、体质寒凉者不宜食用鱿鱼。

腰豆白果炒虾仁

⏱ 3分钟	✗ 美容养颜
📊 清淡	☺ 女性

　　白果是营养丰富的高级滋补品，经常食用可以滋阴养颜、抗衰老，还可以促进血液循环，使人肌肤和面部红润、精神焕发，是老幼皆宜的保健食品。白果与腰豆、虾仁同炒，无论从营养还是菜色搭配都很合理。白果鲜香、软绵可口；虾仁洁白、滑嫩鲜香；腰豆酥脆、香甜可口，吃起来非常美味。

材料

腰豆	100克
白果	70克
虾仁	100克
红椒	15克
青椒	15克
姜片	5克
蒜末	5克
葱白	5克

调料

盐	4克
水淀粉	20毫升
味精	1克
白糖	3克
料酒	3毫升
鸡精	3克
食用油	适量
芝麻油	适量

食材处理

❶ 将洗净的青椒切开，切条，再切成小块。

❷ 将洗净的红椒切开，切条，再切成小块。

❸ 将洗净的虾仁切开背部，去掉虾线，切成两段。

❹ 将虾仁加少许盐、鸡精拌匀。

❺ 加少许水淀粉拌匀，加少许食用油，腌渍5分钟。

❻ 锅中加约1000毫升清水烧开，加少许盐，倒入洗净的腰豆。

❼ 加盖，以慢火煮5分钟。

❽ 揭盖，倒入洗净的白果。

❾ 加盖，煮5分钟至熟透。

❿ 揭盖，将煮好的腰豆、白果捞出备用。

⓫ 热锅注油，烧至四成热，倒入虾仁。

⓬ 滑油至转色时即可捞出。

做法演示

❶ 锅底留油，倒入姜片、蒜末、葱白、青椒、红椒爆香。

❷ 倒入焯水后的白果、腰豆。

❸ 加入滑油后的虾仁。

❹ 加剩余盐、味精、白糖、料酒炒匀。

❺ 加剩余水淀粉勾芡。

❻ 加芝麻油炒匀。

❼ 翻炒至入味。

❽ 盛出装盘即可。

养生常识

★白果含有氢氰酸，过量食用会出现呕吐、呼吸困难等中毒症状，故不可多食，宜熟食。

鲜马蹄炒虾仁

⏰ 2分钟　　✗ 补虚壮阳
🌡 清淡　　😊 一般人群

平日里吃多了大鱼大肉，过于油腻常常让人消化不良或食欲不振，还容易囤积脂肪。不妨改变一下饮食方法，用水果和海鲜搭配，也能炒出美味菜肴——鲜马蹄炒虾仁。马蹄脆嫩、清甜、爽口，虾仁肉质松软、营养丰富、易消化，二者同炒食，清爽可口又营养。

材料

马蹄	100克
虾仁	100克
青椒	10克
胡萝卜	50克
蒜末	5克
姜片	5克
葱白	5克

调料

盐	3克
料酒	4毫升
水淀粉	10毫升
味精	1克
食用油	适量

❶ 将洗净的青椒切条、切段。

❷ 将洗净的马蹄削皮切成小块。

❸ 将去皮洗净的胡萝卜切成小块。

❹ 将洗净的虾仁背部切开，挑去虾线，切成段。

❺ 虾仁装入碗中，加少许盐、少许味精拌匀。

❻ 加少许水淀粉拌匀，腌渍5分钟入味。

❼ 锅中加约1000毫升清水，大火烧开，加入少许盐、少许食用油。

❽ 倒入马蹄、胡萝卜略煮。

❾ 倒入青椒拌匀，煮沸。

❿ 捞出煮好的马蹄、胡萝卜和青椒备用。

⓫ 倒入虾仁，拌匀。

⓬ 煮至虾仁呈红色时捞出。

做法演示

❶ 用油起锅，倒入姜片、蒜末、葱白爆香。

❷ 倒入虾仁炒匀。

❸ 加料酒炒香。

❹ 倒入马蹄、胡萝卜、青椒拌炒均匀。

❺ 加入剩余盐、剩余味精。

❻ 加入剩余水淀粉。

❼ 拌炒至入味。

❽ 盛出装盘即可。

青红椒炒虾仁

　　虾仁含有丰富的蛋白质、矿物质及维生素等营养成分，肉质细嫩，易于消化吸收，清淡爽口，老幼皆宜，因而深受食客喜爱。青红椒炒虾仁一改往常的清淡口感，不仅有青椒、红椒，还加入辣椒酱来提味增色，色泽红亮、嫩滑鲜美、香辣爽口，用于宴客绝对抢眼。

材料		调料	
青椒	40克	盐	4克
红椒	40克	味精	1克
虾仁	150克	料酒	15毫升
姜片	5克	辣椒酱	20克
蒜末	5克	水淀粉	适量
葱白	5克	食用油	适量

❶ 将洗净的青椒切开，去籽，切成片。

❷ 将洗净的红椒切开，去籽，切成片。

❸ 将洗净的虾仁背部切开，去掉虾线。

❹ 虾仁盛入碗中，加入少许盐、少许味精、少许水淀粉，拌匀。

❺ 加少许食用油，腌渍5分钟。

❻ 锅中加1000毫升清水烧开，加入少许食用油，倒入青椒和红椒。

❼ 煮沸后捞出备用。

❽ 将虾仁倒入锅中汆烫。

❾ 汆至转为红色后捞出备用。

❿ 热锅注油，烧至四成热，倒入虾仁。

⓫ 滑油片刻捞出。

做法演示

❶ 锅留底油，倒入姜片、蒜末、葱白爆香。

❷ 倒入焯水后的青椒、红椒。

❸ 加入滑油后的虾仁，翻炒均匀。

❹ 加剩余盐、剩余味精、料酒、辣椒酱，炒匀。

❺ 加少许水淀粉勾芡，翻炒至入味。

❻ 盛出装盘即可。

养生常识

★虾仁为发物，凡有疮疡宿疾者或阴虚火旺者，不宜食用虾仁。

菜花炒虾仁

🕐 2分钟	✖ 增强免疫力
🌡 鲜	😊 儿童

　　虾仁营养丰富，容易消化吸收，而且脂肪含量低，可以适当多吃点。菜花营养丰富，脆嫩爽口，风味鲜美，不愧为蔬菜中的精品。虾仁和菜花搭配炒食，清淡爽口，鲜香爽脆，营养又健康。

材料		调料	
菜花	200克	盐	3克
虾仁	100克	味精	1克
青椒片	20克	蛋清	适量
红椒片	20克	水淀粉	适量
姜片	5克	白糖	2克
葱段	5克	食用油	适量

 ❶ 将洗好的虾仁从背部切开。

 ❷ 把洗净的菜花切成瓣。

 ❸ 虾仁装入碗中，加少许盐、少许味精、蛋清抓匀。

 ❹ 倒入少许水淀粉抓匀，再倒入食用油腌渍片刻，备用。

 ❺ 菜花倒入热水中。

 ❻ 加少许盐、食用油拌匀。

 ❼ 焯熟后捞出。

 ❽ 另起锅，油锅烧热后倒入虾仁。

 ❾ 滑油至熟捞出。

做法演示

 ❶ 热锅注油，倒入青椒、红椒、姜片、葱段。

 ❷ 放入菜花、虾仁翻炒一下。

 ❸ 加剩余盐、剩余味精、白糖调味。

 ❹ 再倒入少许水淀粉勾芡。

 ❺ 翻炒均匀。

 ❻ 出锅装盘即成。

养生常识

★ 服药期间不可食用虾仁，以免发生不良反应。

食物相宜

降低血脂

菜花

+

香菇

润肺止咳

菜花

+

蜂蜜

降压降脂

菜花

+

西红柿

虾仁炒玉米

🕐 4分钟		✖ 增强免疫力	
🔺 清甜		☺ 一般人群	

　　鲜虾中钙的含量为各种动物食品之冠，蛋白质含量也相当高，此外，它特有的虾青素是一种抗氧化剂，对人体十分有益。虾仁的配料可以随个人喜好而变化，加入香甜的玉米、胡萝卜，口感更清新，色泽更亮丽，一看就让人食欲大开，还能摄取多种营养。

材料

虾仁	150克
玉米粒	100克
胡萝卜	50克
葱花	5克

调料

盐	2克
味精	1克
料酒	5毫升
水淀粉	适量
白糖	2克
食用油	适量

❶ 将虾仁洗净,背部切开,切成丁。

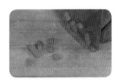

❷ 将胡萝卜洗净切丁。

❸ 虾肉加盐、白糖、味精、料酒、水淀粉拌匀腌渍。

做法演示

❶ 用油起锅。

❷ 倒入虾肉翻炒片刻。

❸ 加入玉米粒、胡萝卜丁。

❹ 大力翻炒。

❺ 出锅装盘后撒上葱花即成。

小贴士

● 若选用鲜玉米粒,则用大火炒较好,可以使其味道更清新可口。

● 若选用玉米棒时,则炖煮为佳。在煮玉米时,可以在水开后,往里面加少许盐,再接着煮。这样能强化玉米的口感,吃起来有丝丝甜味。但如果想吃到更营养的煮玉米,可以在烧煮时,往水里加一点食用的小苏打粉。这是因为玉米富含烟酸,一般情况下这一成分较难被人体吸收,加了小苏打粉后,玉米中的烟酸可以充分释放出来,营养价值更高了。

食物相宜

补脾开胃

虾

+

香菜

益气下乳

虾

+

葱

松仁水晶虾仁

⏱ 15分钟　　✖ 增强免疫力

🍶 鲜　　☺ 儿童

　　水晶虾仁是上海菜，鲜明透亮，软中带脆，Q弹滑嫩，曾被评为"上海第一名菜"。这道菜的主料是虾仁，加入洋葱片、红椒片一起炒，味道鲜美，奇香四溢，晶莹剔透，赛如明珠。在水晶虾仁中加入松仁、干贝、芹菜叶、西蓝花，不仅营养充足，口感也丰富至极。

材料		调料	
松仁	50克	盐	3克
净虾仁	350克	味精	1克
水发干贝	50克	料酒	5毫升
红椒片	30克	水淀粉	适量
洋葱片	30克	食用油	适量
芹菜叶	少许		
西蓝花	少许		

❶ 把洗净的干贝压碎备用。

❷ 锅中注入适量清水，加少许盐和食用油拌煮至沸，下入洗净的西蓝花。

❸ 焯烫至熟，捞出，沥干备用。

❹ 炒锅注入适量食用油，放入洗净的松仁。

❺ 炸香后捞出沥干油，备用。

❻ 放入干贝炸熟。

❼ 捞出备用。

❽ 放入洗净的芹菜叶过油。

❾ 当炸至熟透后捞出备用。

做法演示

❶ 锅留底油，放入洋葱片、红椒片。

❷ 倒入净虾仁稍炒匀。

❸ 加盐、味精、料酒调味。

❹ 翻炒至入味。

❺ 用水淀粉勾芡。

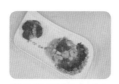

❻ 将炒好的虾仁盛入盘中，摆上西蓝花，倒上干贝，再放入芹菜叶，最后撒入松仁即成。

食物相宜

补肾壮阳

虾仁

+

核桃仁

促进钙、铁等营养物质的吸收

虾仁

+

油菜

增强免疫力

虾仁

+

鸡蛋

彩椒牛蛙

牛蛙肉是一种高蛋白、低脂肪、低胆固醇的营养食物，有很好的滋补作用，消化功能差或胃酸分泌过多的人以及体质虚弱的人可以用来滋补身体。彩椒牛蛙是一道令人胃口大开的美食，牛蛙肉质细嫩，味道咸鲜，辅以清香甘甜的彩椒，使得成菜鲜香味美至极。

材料

彩椒	200克
牛蛙肉	300克
蒜末	5克
姜片	5克
葱白	5克

调料

盐	3克
味精	1克
老抽	3毫升
蚝油	5毫升
水淀粉	适量
料酒	5毫升
淀粉	适量
食用油	适量

❶ 将已洗净去籽的彩椒切成块。

❷ 将处理好的牛蛙肉斩成块。

❸ 牛蛙加少许盐、少许味精、料酒、淀粉拌匀腌渍10分钟。

❹ 锅中加水烧开，放入食用油、少许盐，倒入彩椒。

❺ 煮约1分钟至断生捞出。

❻ 倒入牛蛙，汆烫片刻后捞出。

做法演示

❶ 用油起锅，倒入姜片、蒜末、葱白爆香。

❷ 倒入牛蛙，加剩余盐、剩余味精、老抽翻炒入味。

❸ 倒入彩椒炒匀。

❹ 加蚝油炒匀。

❺ 倒入水淀粉勾芡，淋入熟油炒匀。

❻ 盛出装盘即可。

养生常识

★ 食用牛蛙肉，可以清热解毒。此外，牛蛙的内脏含有丰富的蛋白质，经水解生成复合氨基酸。其中，精氨酸含量较高，是良好的滋补品。牛蛙的肉质鲜嫩，口感细腻，可以提高食欲、促进消化，可作为滋补佳品。

★ 牛蛙的营养价值非常丰富，味道鲜美，是一种高蛋白质、低脂肪、低胆固醇营养食品，备受人们的喜爱。爱美的女士可以多食。

食物相宜

促进钙质吸收

彩椒

+

腐竹

促进肠胃蠕动

彩椒

+

墨鱼

开胃益智

彩椒

+

玉米

姜葱炒花蟹

⏱ 3分钟 ✖ 增强免疫力

🔲 鲜 ☺ 男性

　　花蟹，因外壳有花纹而得名。喜欢吃蟹的人都知道，除了原汁原味的清蒸蟹外，蟹炒食也能完美展现鲜美滋味。姜葱炒花蟹是比较常见的搭配方法，不仅材料简单，还不会抢了蟹的鲜味。成菜色泽红艳，肉质肥嫩鲜甜入味，惹味至极。其实，平凡的材料经过特殊的烹饪方法炮制后也会演绎出不平凡的精彩。

材料

姜	15克
葱白	10克
花蟹	2只
蒜	5克
葱叶	10克

调料

盐	3克
味精	1克
鸡精	1克
料酒	5毫升
生抽	3毫升
淀粉	适量
水淀粉	适量
食用油	适量

食材处理

❶ 将花蟹洗净，取下蟹壳斩块，把蟹腿拍破。

❷ 将蟹块装入盘内，撒上适量淀粉。

做法演示

❶ 热锅注油，烧至六七成热。

❷ 倒入蟹壳、蟹块、姜片，炸约1分钟捞出。

❸ 锅留底油，倒入葱白、蒜末爆香。

❹ 倒入蟹块，加料酒、盐、味精、鸡精、生抽、葱叶。

❺ 加水淀粉炒匀。

❻ 出锅装盘即成。

食物相宜

滋阴清热

花蟹

干贝

去腥、散寒

花蟹

姜

养生常识

★ 花蟹肥时正是柿子熟的季节，应当注意的是，花蟹忌与柿子混吃。

★ 患有伤风发热、胃痛以及腹泻的患者，或患有消化道炎症或溃疡、胆囊炎、胆结石、肝炎活动期的人都不宜食蟹。

★ 患有冠心病、高血压、动脉硬化、高脂血症的人应少吃或不吃蟹黄，蟹肉也不宜多吃。此外，隔夜的蟹含有有毒物质，食用后会对人体造成危害，不宜食用。

黄豆酱炒蛏子

⏰ 3分钟　　✂ 增强免疫力
⚖ 鲜　　　☺ 一般人群

　　蛏子是一种常见的海鲜食材，肉嫩而肥，色白味鲜。用黄豆酱炒蛏子，做法简单，既能盖住蛏子的腥味，还能尝到鲜味。成菜的黄豆酱炒蛏子，清香鲜嫩，营养丰富，鲜味尤为突出。其实，只要选料绝对鲜活，即便是最简单的大众做法，依然可以成就令人惊叹的滋味。

材料

蛏子	300 克
青椒片	20 克
红椒片	20 克
姜片	5 克
蒜末	5 克
葱白	5 克

调料

盐	2 克
味精	2 克
白糖	2 克
水淀粉	10 毫升
老抽	2 毫升
蚝油	2 毫升
料酒	5 毫升
黄豆酱	适量
食用油	适量

食材处理

❶ 锅中加清水烧开，倒入蛏子，煮至壳开。

❷ 将煮好的蛏子捞出，装入盆中备用。

❸ 加入清水洗净，取出洗好的蛏子，装入碗中。

做法演示

❶ 用油起锅，倒入姜片、蒜末、葱白、青椒、红椒炒香。

❷ 倒入蛏子，加料酒炒香。

❸ 加入蚝油、黄豆酱炒匀。

❹ 加少许清水，加盐、味精、白糖翻炒入味。

❺ 加老抽，炒匀至上色。

❻ 加入水淀粉勾芡。

❼ 加入少许熟油炒匀。

❽ 盛出装盘即可。

小贴士

✿ 蛏子体内含有较多的沙子和其他脏物，放于清水中养的时候，可以加点海盐，或者滴入几滴芝麻油，可以使蛏子吐尽体内的脏物，更有利于饮食健康。

养生常识

★ 蛏子是海产食品，其性寒凉，体质过敏者不宜食用，脾胃虚寒、腹泻腹痛者也不宜食用蛏子。

食物相宜

辅助治疗中暑

蛏子

+

西瓜

辅助治疗产后虚损、少乳

蛏子

+

黄酒

健脑益智

蛏子

+

豆腐

烹饪术语介绍

在菜谱书中，我们经常会看到一些专业术语，如火候、焯水、挂糊、上浆、勾芡……对于刚学下厨的人来说，总有些摸不着头脑。其实了解这些并不难，这里就为大家作简单的介绍。

焯水（汆烫）

焯水就是将初步加工的原料放在开水锅中加热至半熟或全熟，取出以备进一步烹调或调味，是烹调中（特别是凉拌菜）不可缺少的一道工序，对菜肴的色、香、味，特别是色起着关键作用。焯水的运用范围较广，大部分蔬菜和带有腥膻气味的肉类原料都需要焯水（肉类要汆烫）。

焯水的方法主要有两种：一种是开水锅焯水，另一种是冷水锅焯水。

开水锅焯水，就是将锅内的水加热至滚开，然后将原料下锅。下锅后及时翻动，时间要短，要讲究色、脆、嫩，不要过火。这种方法多用于植物性原料，如芹菜、菠菜、莴笋等。

冷水锅焯水，是将原料与冷水同时下锅，水要没过原料，然后烧开，目的是使原料成熟，便于进一步加工。土豆、胡萝卜等因体积大，不易成熟，需要煮的时间长一些。有些动物性原料，如白肉、牛百叶、牛肚等，也是冷水下锅加热成熟后再进一步加工的。有些用于煮汤的动物性原料也要冷水下锅，在加热过程中使营养物质逐渐析出，使汤味鲜美，如用热水锅，加热则会造成蛋白质凝固。

挂糊

挂糊是烹调中常用的一种技法，行业习惯称"着衣"，即在经过刀工处理的原料表面挂上一层粉糊。挂糊虽然是个简单的过程，但实际操作时并不简单，稍有差错，往往会造成"飞浆"，影响菜肴的美观和口味。

挂糊时应注意以下问题：

首先把要挂糊的原料上的水分挤干，特别是经过冰冻的原料，挂糊时很容易渗出一部分水而导致脱浆；还要注意少放液体调料，否则会使浆料上不牢。

其次，要注意调料加入的次序。一般来说，要先放入盐、味精和料酒，再将调料和原料一同使劲拌和，直至原料表面发黏才可再放入其他调料。先放盐可以使咸味渗透到原料内部，同时使盐和原料中的蛋白质形成"水化层"，以最大限度保持原料中的水分少受或几乎不受损失。

上浆

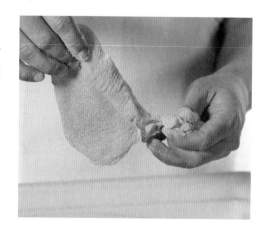

在切好的原料下锅之前，给其表面挂上一层浆或糊之类的保护膜，这一处理过程叫上浆或挂糊（稀者为浆，稠者为糊）。

上浆的作用主要有以下两点：

第一，上浆能保持原料中的水分和鲜味，使烹调出来的菜肴具有滑、嫩、柔、脆、酥、香、松或外焦里嫩等特点。

第二，上浆能保持原料不碎不烂，增加菜肴形与色的美观。

过油

过油是将备用的原料放入油锅进行初步热处理的过程。过油能使菜肴口感滑嫩软润，保持和增加原料的鲜艳色泽，增加风味特色，还能去除原料的异味。

过油时要根据油锅的大小、原料的性质以及投料多少等方面正确地掌握油的温度。

第一，根据火力的大小掌握油温。急火，可使油温迅速升高，但极易造成互相粘连散不开或出现焦煳现象；慢火，原料在火力比较慢、油温低的情况下投入，则会使油温迅速下降，出现脱浆，从而达不到菜肴的要求，故原料下锅时油温应高些。

第二，根据投料数量的多少掌握油温。投料数量多，原料下锅时油温可高一些；投料数量少，原料下锅时油温应低一些。

第三，油温还应根据原料质地老嫩和形状大小等情况适当掌握。

过油必须在急火热油中进行，而且锅内的油量以能浸没原料为宜。原料投入后由于原料中的水分在遇高温时立即气化，易将热油溅出，须注意防止烫伤。

勾芡

勾芡是在菜肴接近成熟时，将调好的淀粉汁淋入锅内，使汤汁稠浓，增加汤汁对原料的附着力，从而使菜肴汤汁的粉性和浓度增加，改善菜肴的色泽和味道。

要勾好芡，需掌握几个关键问题：

一是掌握好勾芡时间，一般应在菜肴九成熟时进行，过早勾芡会使汤汁发焦；过迟勾芡易使菜受热时间长，失去脆、嫩的口味。

二是勾芡的菜肴用油不能太多，否则卤汁不易粘在原料上，不能达到增鲜、美形的目的。

三是菜肴汤汁要适当，汤汁过多或过少，都会造成芡汁的过稀或过稠，从而影响菜肴的成品质量。

四是用单纯粉汁勾芡时，必须先将菜肴的口味、色泽调好，然后淋入水淀粉勾芡，才能保证菜肴的味美色艳。

烹饪常用的调料

调料是人们用来调制食品的辅助用品，包括各种酱油、盐、酱料等，也包括天然植物香料，如八角、花椒、桂皮、陈皮等。

调料

调料也称作料，是指被少量加入其他食物中用来改善食物味道的食品，最常见的是油、盐、酱、醋等。

盐

用豆油、菜籽油炒菜时，应在菜炒好后再放盐；用花生油炒菜时，应先放盐，这样可以减少黄曲霉菌；用荤油炒菜时，可先放一半盐，菜炒好后再加入另一半盐；做肉类菜肴时，炒至八成熟时放盐最好。

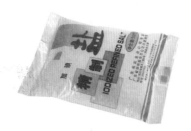

味精

味精的主要作用是增加食物的鲜味，在中餐中用得最多，可用于汤和调味汁中。不过，当受热到 120℃以上时，味精会变成焦化谷氨酸钠，不仅没有鲜味，还可能产生毒性。因此，味精最好在炒好起锅时加入。

鸡精

鸡精是由鸡肉、鸡蛋、鸡骨头等为基料，通过蒸煮、减压、提汁后，配以盐、糖、味精（谷氨酸钠）、鸡肉粉、辛香料、肌苷酸、鸟苷酸、鸡味香精等物质复合而成的具有鲜味、鸡肉味的增鲜、增香调料，是经特殊工艺制作而成的。它以味道鲜美、独特性逐渐代替味精，走进了千家万户。

醋

醋是一种发酵的酸味液态调料，以含淀粉类的粮食为主料，谷糠、稻皮等为辅料，经过发酵酿制而成。醋在中式烹调中为主要的调料之一，以酸味为主，且有芳香味，用途较广。它能去腥解腻，增加鲜味和香味，减少维生素C在食物加热过程中的流失，还可促进烹饪原料中钙质的溶解而利于人体吸收。优质醋酸而微甜，带有香味。

酱油

酱油是用豆、麦、麸皮酿造的液体调料。色泽红褐色，具有独特酱香、滋味鲜美，有助于促进食欲，是中国的传统调料。酱油是菜肴中非常重要的元素，尤其在烹调肉类时，加入一定量的酱油，可增加香味，并使其色泽更加好看，从而增进人们的食欲。

酱油在锅里高温久煮会破坏其营养成分并失去鲜味。因此，烧菜应在即将出锅之前放酱油。

蚝油

蚝油不是油质，而是在加工蚝豉时，煮蚝豉剩下的汤，此汤经过滤浓缩后即为蚝油。它是一种营养丰富、味道鲜美、蚝香浓郁、黏稠适度的调料。蚝油中牛磺酸含量之高是其他任何调料不能相比的，被称为"多功能食品添加剂的新星"，具有防癌抗癌、增强人体免疫力等多种保健功能。

芝麻油

芝麻油具有浓郁或显著香味。在加工过程中，芝麻中的特有成分经高温炒料处理后，生成具有特殊香味的物质，致使芝麻油具有独特的香味，有别于其他各种食用油，故称香油。芝麻油用于烹饪并加在酱料里，在中式酱料里很受欢迎。

菜肴起锅前淋上芝麻油，可增加香味。腌渍食物时，也可加入以增添香味。

豆腐乳

豆腐乳是我国著名的传统酿造调料之一。它是以黄豆为主要原料，经过磨浆、制胚、前期培菌、腌制、后期发酵而成。富含蛋白质，具有独特的营养价值，加上口味鲜美，风味独特，质地细腻，深受广大消费者的钟爱，已经成为人们日常生活不可缺少的美食。

糖

做菜时加点糖（一般都用白糖），可以调节菜肴的色香味。腌肉时加点白糖可以使肉变得柔软多汁、滑润可口。

在制作糖醋类菜肴时，应先放糖后加盐，否则盐的"脱水"作用会促进蛋白质凝固而使食材难于将糖味吸透，影响其味道。若后加糖则会使菜肴显得只有单纯的甜味。

料酒

料酒的主要作用是去除鱼、肉类的腥膻味，增加菜肴的香气，有利于鲜甜各味充分深入菜肴中。烹调鱼、虾、蟹、牛、羊、猪、鸡、鸭等荤菜时放一些料酒，腥膻味中的胺类物质就会溶于料酒的酒精中，在加热时随酒精一起挥发掉，达到去除腥膻味的目的。

黄酒中的氨基酸，在烹调中能与盐结合，生成氨基酸钠盐，从而使鱼、肉的滋味变得更加鲜美。

咖喱

咖喱的主要成分是姜黄粉、川花椒、八角、胡椒、桂皮、丁香和芫荽籽等含有辣味的香料，其能促进唾液和胃液的分泌，增加胃肠蠕动，增进食欲；能促进血液循环，达到发汗的目的。咖喱的种类很多，以颜色来分，有红、青、黄、白之别，根据配料细节上的不同来区分种类、口味的咖喱有十多种，这些迥异不同的香料汇集在一起，就构成了咖喱各种令人意想不到的浓郁香味。

酱料

　　作为烹饪的辅助材料，酱料的作用不容忽视，它既有着调味、增香、增色的作用，又有着嫩滑食材的作用，酱料运用得当往往是烹饪的关键。

辣椒酱

　　辣椒酱是餐桌上比较常见的调料，各个地区都有不同风味的辣椒酱。辣椒酱取之于优等朝天椒，经过淘洗、精拣、破碎熬制而成，因此色泽鲜红（辣椒酱的红色来自辣椒的本色，绝不添加任何色素）。在烹调过程中具有上色、感官良好的特点，能增进人的食欲。

XO 酱

　　XO 酱是顶级酱料的意思，它所使用的都是上好的原材料，因此味道也是极鲜美的。XO酱的材料没有一定标准，但主要都包括了干贝、虾米、火腿及辣椒等，味道鲜中带辣。

　　XO 酱在全世界的中华料理界开始普及，各家餐馆所制作的 XO 酱亦有所不同。当然，其中的配方也成为各餐馆的商业秘密。

芝麻酱

芝麻酱是把芝麻炒熟、磨碎而制成的酱，有香味，用作调料，也叫麻酱。芝麻酱是群众非常喜爱的香味调料之一，色泽金黄、口感细滑、口味醇香。

芝麻酱也是涮肉火锅之中的蘸料之一。好的芝麻酱能起到提味的作用，这就是火锅麻酱的好处。

海鲜酱

海鲜酱，顾名思义就是用各种海鲜制作的酱料，香味浓郁，既可用于下饭，也可用葱丝蘸酱配玉米饼食用，还可用于菜肴的调味。

豆瓣酱

豆瓣酱的原料是蚕豆、盐、辣椒等原料酿制而成的酱，味道咸、香、辣，颜色红亮，不仅能增加口感香味，还能给菜肴增添颜色。调制海鲜类或肉类等有腥味的酱料时，加入豆瓣酱有祛除腥味的特点，还能突出口味。

豆瓣酱油爆之后色泽及味道会更好。以豆瓣酱调味的菜肴，无须加入太多酱油，以免成品过咸。

番茄酱

番茄酱是西红柿的酱状浓缩制品，呈鲜红色酱体，具有西红柿的特有风味，是一种富有特色的调料。番茄汁由成熟西红柿经破碎、打浆、去除皮和籽等粗硬物质后，经浓缩、装罐、杀菌而成。番茄酱常用作鱼、肉等食物的烹饪佐料，是增色、添酸、助鲜、郁香的调味佳品。番茄酱的运用，是形成港粤菜风味特色的一个重要调味内容。

辛香料

　　辛香料是利用植物的种子、花蕾、叶茎、根块等，或其提取物，具有刺激性香味，赋予食物以风味，可增进食欲、帮助食物消化和吸收。常用的天然辛香料有葱、姜、蒜、八角、小茴香、花椒、胡椒、薄荷、草果和肉桂等。

葱

　　葱是一种很普遍的辛香料，多用于荤、腥、膻及其他有异味的菜肴、汤羹中，对没有异味的菜肴、汤羹也有增味增香的作用。葱常用于爆香、去腥，也可在菜肴做完之后撒在菜上，增加香味和美观。

　　将葱加工成丝、末，可做凉菜的调料，增鲜之余，还可杀菌消毒；加工成段或其他形状，经油炸后与主料同烹，葱香味与主料鲜味融为一体，十分馋人，如"大葱扒鸡"。较嫩的香葱，经油炸后，香味扑鼻，色泽青翠，多用于凉拌菜或撒在烹制成形的成菜上，如"小葱拌豆腐""葱油仔鸡"。

　　贝类重点多放葱，不仅能缓解贝类的寒性，还能抗过敏。不少人食用贝类后会过敏性咳嗽、腹痛等，烹调时多放葱，能避免诱发过敏反应。

姜

姜的辛辣香味较重,在菜肴中既可作调料,又可作菜肴的配料,能去腥、除臭。

作为配料入菜的姜,一般要切成丝,可增鲜之余,兼有杀菌消毒的作用,如"姜丝肉"是取新姜与青椒红椒,切丝与猪瘦肉丝同炒,其味香辣可口,独具一格。

姜加工成块或片,多数是用在火工菜中,如炖、焖、煨、烧、煮、扒等烹调方法中,具有去除水产品、禽畜类腥膻气味的作用。火工菜中用老姜,主要是取其味,而成熟后要弃去姜。所以姜需加工成块或片,且要用刀面拍松,使其裂开,便于姜味外溢,浸入菜中。

姜除在烹调加热中调味外,也用于菜肴加热前,起浸渍调味的作用,如"油淋鸡""炸猪排"等,烹调时姜与原料不便同时加热,但这些原料异味难去,就必须在加热前用姜片浸渍相当长的时间,以消除其异味。浸渍时,同时加入适量的料酒、葱,效果会更好。

蒜

蒜是日常生活中不可缺少的调料,在烹调鱼、畜肉、禽类和蔬菜时有去腥增味的作用,特别是在凉拌菜中,既可增味,又可杀菌。紫皮蒜耐寒性较差,辛辣气较重,调味效果较好;白皮蒜耐寒性较好、辣味较淡,适合生拌;白皮新蒜是腌糖蒜的好材料,但调味效果一般;独头蒜辣味最强、蒜素含量最高,最易配合肉食调味。

蒜能提味,烹调鸡、鸭、鹅肉时宜多放蒜,使肉更香更好吃。在烹制海参等海产时,添加蒜片能起到去腥增香的作用;烧黄鱼时添加蒜末能使黄鱼格外美味。烹制野菜、茄子、扁豆、黄鳝等食材时,必须加蒜末,用来解毒、增香。

有些味道重的菜前后都要放蒜,但是一般最好是菜出锅时放,再翻炒几下。因为这样不会破坏蒜的营养物质,做出的菜味道也比较好。

胡椒

胡椒辛辣中带有芳香,可去腥及增添香味。在烹调饮食中,胡椒用于去腥解膻及调制浓味的肉类菜肴,兼有开胃的作用,又能解鱼、蟹、荤等食物的毒性,故为家庭厨房中的常用调料。

白胡椒较温和,黑胡椒味则较重。黑胡椒的辣味比白胡椒强烈,香中带辣,可祛腥提味,更多的用于烹制动物内脏、海鲜类菜肴。

但要注意的是,黑胡椒与肉食同煮的时间不宜太长,因黑胡椒含胡椒辣碱、胡椒脂碱、挥发油和脂肪油,火候太过会使辣味和香味挥发掉。掌握调味浓度,保持热度,可使香辣味更加浓郁。

八角

要烧出味道浓郁、香气扑鼻的佳肴，八角是离不开的好帮手。八角，又称大茴香，具有微甜味和刺激性甘草味，烹调后有浓甜的香味。因此无论卤、酱、烧、炖，都可以用到它。

在制作牛肉、兔肉的菜肴中加入八角，可除腥膻等异味，增添芳香气味，并可调节口味、增进食欲。炖肉时，肉下锅就放入八角，它的香味可充分水解溶入肉中，使肉味更加醇香。

除了卤、酱、烧、炖等要用到八角外，炒青菜也可以加入八角，它能让清淡无味的蔬菜透出让人食欲大增的鲜味和香味。用八角炒青菜的方法是：先加热锅，倒入油，放入八角加热到香味四溢时，加入蔬菜翻炒，最后放入适量盐就可以了。一般一份炒菜放 1 瓣就行，炖菜时别超过 3 瓣。

在腌鸡蛋、鸭蛋、香椿、香菜时，放入八角则会更添风味。

花椒

花椒是家庭烹调中常用的芳香调料，无论荤素都离不开它。花椒常用于红烧及卤菜。花椒粒炒香后磨成的粉末即为花椒粉，若加入炒黄的盐则成为花椒盐，常用于油炸食物蘸食之用。

炒菜时，在锅内热油中放几粒花椒，发黑后捞出，留油炒菜，菜香扑鼻。但炸花椒油时油温不宜过高。做各种肉类、鱼类汤时，加入十几粒花椒更是不错的选择，因为花椒可以有效消除肉类的异味，如羊肉的膻味、鱼的腥味。把花椒、植物油、酱油烧热，浇在凉拌菜上，清爽可口。

花椒是常用的调料，春天炒菜时多放上一把花椒，不仅能够温阳驱寒，还能杀菌防病、增强免疫力。

肉桂

肉桂味道浓郁，使用肉桂调味时一小块足矣，不能过多。

炖煮时可以整块使用，待肉桂味道融入汤中，即可捞出，不可等到菜品成熟，用此方法肉桂可以反复使用两三次。

煎、烧、炒制肉类原料时，可以将少量肉桂粉末直接放入锅中调味。少量肉桂粉末与胡椒粉搅拌均匀，多用于煎制牛扒、猪肉的调味。

甘草

甘草又名甜草根、粉草，是我国民间传统的一种天然甜味剂，也是一种传统中药材，用途广泛，有"十方九草"之说。甘草味甜，气味芳香，烹饪中可代替白糖作为甜味调料使用，具有独特的风味和营养价值，菜品如"甘草牛肉""甘草鸡柳"等。

用甘草烹调特色菜肴时宜少量添加，每次15克左右即可。切勿过量食用，否则可能对心血管和神经系统产生不良影响。甘草适合脾虚食少、胃及十二指肠溃疡、支气管炎患者食用。肾功能障碍或高血压患者慎用。甘草不宜与海鳗鱼同食。

陈皮

陈皮是水果柑橘的果皮经干燥处理后而制成的干性果皮，这种果皮如在保持干燥的条件下，可长久放置储藏，故称陈皮。陈皮如果是冬柑的皮晒制而成的，质量较好，外表呈现深褐色，且皮瓤薄，放在手上觉得很轻且容易折断，同时伴有清香味。

用陈皮作调料，主要取其特殊气味，可使菜肴鲜香可口，并有解腻增香、增进食欲和促进消化的作用。使用陈皮调味，一般在主料加热后放入。

辛香料在菜肴中有调香、调味、掩盖异味、抑臭、赋予辣味及着色等作用，改善食品的色香味，从而增进人们的食欲。但使用辛香料要遵循以下原则：

❶ 不能滥用。肉桂、小茴香、胡椒、蒜、姜、葱类等都可起到消除肉类异味、增加风味的作用，可作为一般辛香料使用，但大多香味独特，应根据个人习惯来确定是否添加及添加量。

❷ 不能过量。各种辛香料本身具有特殊香气，有的平淡，有的强烈，在使用剂量上不能等份。如肉豆蔻、甘草是使用范围很广的辛香料，使用量过大会产生涩味和苦味；月桂叶、肉桂等使用过多也会产生苦味；丁香使用过多会产生刺激味，并会抑制其他辛香料的香味；百里香、月桂叶使用过量会产生药味等，影响食欲。

❸ 注重风味。设计每种复合辛香料时，应注重所加工产品的风味。如选用辣味辛香料时，需要了解其辣味成分：胡椒辣味的主要成分是辣椒素和胡椒碱，姜辣味的主要成分是姜酮、姜醇等。

❹ 某些芳香型辛香料，只要主要成分相类似，使用时可互相调换，如大茴香与小茴香，豆蔻与肉桂等。

❺ 辛香料常常搭配使用，香料之间会产生相乘或抵消效应。例如，一般不将紫苏叶同其他多种香料并用。

肉制品加工中使用的辛香料，有的以味道为主，有的香、味兼具，有的以香味为主，通常将这三类辛香料按6：3：1的比例混合使用。常用的各种辛香料风味分类如下：以呈味为主的辛香料中辣味的有辣椒、胡椒、草果、姜、豆蔻、蒜、葱，甘味的有甘草，麻味的有花椒，苦味的有陈皮、砂仁；以香和味兼有的辛香料有肉桂、丁香、八角、小茴香、芫荽、白芷、白豆蔻等；以芳香味为主的辛香料有百里香、月桂叶等。

其他调料

其他调料是指我们在日常生活中常用到的、非必备的调料。它们可以有助于主菜的调味、增色，却并非烹饪中必不可少的调料。

淀粉（生粉）

淀粉主要用于勾芡，就是在菜肴接近成熟时，将调匀的淀粉汁淋在菜肴上或汤汁中，使菜肴汤汁浓稠，并黏附或部分黏附于菜肴之上。

勾芡是否适当，对菜肴的质量影响很大，因此，勾芡是烹调的基本功之一。勾芡大多用于熘、滑、炒等烹调技法。这些烹调方法的共同特点是：大火速成。用这种方法烹调的菜肴，基本上不带汤。但是由于烹调时加入了某些酱汁调料或原料本身出水，使菜肴看上去汤汁增多了，通过勾芡，使汁液的黏稠度增加了，并附于原料的表面，从而达到菜肴柔嫩和鲜美的风味。

用淀粉勾芡的作用有以下几点：

增加汤汁的黏稠度。菜肴在加热过程中，原料中的汁液会向外流，与添加的汤水及液体调料便融合形成了卤汁。一般炒菜中的卤汁较稀薄，不易黏附在原料表面，成菜后会产生"不入味"的感觉。勾芡后，芡汁的糊化作用增加了卤汁的黏稠度，使卤汁能够较多地附着在菜肴之上，提高了人们对菜肴滋味的感受。

芡汁勾入菜肴中，芡汁会紧裹原料，从而防止了原料内部水分外溢，这样做既保持了菜肴鲜香滑嫩的风味特点，又使菜肴形体饱满而不易散碎。

勾芡后，由于淀粉的糊化，具有透明的胶体光泽，能将菜肴与调味色彩更加鲜明地反映出来，使菜肴色泽更加光亮美观。

菜肴勾芡后能使汤汁变浓稠，可减缓原料内部热量的散发，使菜肴具有保温性，延长了菜肴的冷却时间，有利于食客进食热菜肴。

豆豉

豆豉一直广泛使用于中国烹调之中。可用豆豉拌上麻油及其他作料作助餐小菜，用豆豉与豆腐、茄子、芋头、萝卜等烹制菜肴别有风味。广东人更喜欢用豆豉作调料烹调粤菜，如豉汁排骨、豆豉鲮鱼等，尤其是炒田螺时用豆豉作调料，风味更佳。

辣椒

辣椒可为菜肴增加辣味，并使菜肴色彩鲜艳。在家里做辣味菜，要尽量用辣椒做配料，并选择具有滋阴、润燥、泻热作用的食品，如选择鸭肉、鲫鱼、猪瘦肉、苦菜、苦瓜、丝瓜、黄瓜、百合等作为主料来进行烹饪。

常见食材的
选购技巧、厨房窍门

大白菜

* 选购技巧

叶子带光泽，且颇具重量感的大白菜才新鲜。切开的大白菜，切口白嫩表示新鲜度良好。切开时间久的大白菜，切口会呈茶色，要特别注意鉴别。

* 清洗窍门

淘米水呈碱性，对农药有解毒作用，将大白菜放在淘米水中泡5～10分钟，再用清水洗净即可。

油菜

* 选购技巧

购买时要挑选新鲜、油亮、无虫、无黄叶的嫩油菜，用两指轻轻一掐即断者为佳。

* 烹饪窍门

将青菜洗净切好后，撒上少量盐拌匀，稍腌几分钟，沥干青菜水分即可下锅烹炒。这样炒出来的青菜脆嫩清鲜。

茄子

* 选购技巧

深黑紫色，具有光泽，且蒂头带有硬刺的茄子最新鲜；带褐色或有伤口的茄子不宜选购。若茄子的蒂头盖住了果实，表示尚未成熟。

* 烹饪窍门

炒茄子时，滴几滴醋，茄子便不会变黑；炒茄子时，滴入几滴柠檬汁，可使茄子肉质变白。用以上两种方法炒出来的茄子既好看，又好吃。

菜花

✳ 选购技巧

选购菜花时，应挑选花球雪白、坚实、花柱细、肉厚而脆嫩、无虫伤、无机械伤、不腐烂的。此外，可挑选花球附有两层不黄不烂青叶的菜花。

✳ 清洗窍门

准备一盆淡盐水，将菜花掰成小朵，放进淡盐水中浸泡 10 分钟左右。这样菜花里的小虫会被盐水浸泡出来，还可去除残余的农药。

莴笋

✳ 选购技巧

好的莴笋身材挺拔，茎干粗细均匀，表面纹理清晰；掐一下莴笋的杆，新鲜的莴笋水分充足，掐时会有汁液流出；掂一掂，如果莴笋的分量较轻，有可能是空心的，选购时要谨慎。

✳ 烹饪窍门

焯莴笋时切忌时间过长、温度过高，这样不仅会影响莴笋的口感，还会破坏它的营养；在烹调莴笋时，要少放盐，盐量过多很容易损失掉莴笋的水分，使它失去清脆的口感。

西红柿

✳ 选购技巧

果蒂硬挺，且四周仍呈绿色的西红柿才是新鲜的。有些商店将西红柿装在不透明的容器中出售，在未能查看果蒂或色泽的情况下，最好不要选购。

✳ 贮存窍门

将表皮无损的五六成熟的西红柿装入塑料袋中，扎紧袋口，放置在阴凉通风处；每天打开袋口 5 分钟，擦去袋内壁上的水汽，再扎紧袋口。用此法可贮存 1 个月以上。

苦瓜

✳ 选购技巧

购买苦瓜时，宜选果肉晶莹肥厚、瓜体嫩绿、皱纹深、掐上去有水分、末端有黄色者为佳。过分成熟的苦瓜稍煮即烂，失去了原有风味，不宜选购。

✳ 烹饪窍门

将切好的苦瓜片撒上盐拌匀，腌渍 10 分钟左右，适当按压出水；然后用自来水冲洗表面的盐和腌出来的汁，这样既能去除部分苦味，还能让苦瓜入味。

丝瓜

* 选购技巧

线丝瓜细而长,购买时应挑选瓜形挺直、大小适中、表面无皱、水嫩饱满、皮色翠绿、不蔫不伤者。胖丝瓜相对较短,两端大致粗细一致,购买时以皮色新鲜、大小适中、表面有细皱,并附有一层白色绒状物、无外伤者为佳。

* 烹饪窍门

刮去丝瓜外面的老皮,洗净,将丝瓜切成小块;烹调丝瓜时滴入少许白醋,这样就可保持丝瓜的青绿色泽和清新口味了。

黄瓜

* 选购技巧

刚采收的小黄瓜表面上有小疙瘩突起,一摸有刺,则是十分新鲜的;前端茎部切口嫩绿、颜色漂亮才是新鲜的。

* 保鲜窍门

将黄瓜洗净后,浸泡于淡盐水中。这时,在水中便会产生许多细小的气泡,而有些气泡附着在黄瓜周围,这样可维持黄瓜的呼吸。与此同时,淡盐水还能防止黄瓜中水分的流失,并可抑制微生物繁殖,保持黄瓜新鲜不腐烂。

香菜

* 选购技巧

选购香菜时应挑选苗壮、叶肥、新鲜、长短适中、香气浓郁、无黄叶、无虫害的。

* 保鲜窍门

将新鲜、整齐的香菜捆好,用保鲜袋或保鲜膜将香菜茎叶部分包严,将香菜根部朝下竖放在清水盆中。

竹笋

* 选购技巧

选购时首先要看色泽,具有光泽的为上品。

* 保鲜窍门

竹笋买回来如果不马上吃,可在竹笋的切面上涂抹一些盐,放入冰箱冷藏室,这样就可以保证其鲜嫩度及清爽口感。

* 烹饪窍门

烹饪竹笋时,可用开水煮,不仅容易熟,而且松脆可口。此外,在水中加几片薄荷叶或一点盐,竹笋煮后就不会收缩了。

南瓜

✳ 选购技巧

要挑选外形完整，并且最好是瓜梗蒂连着瓜身的新鲜南瓜。也可用手掐一下南瓜皮，如果表皮坚硬不留痕迹，说明南瓜老熟，这样的南瓜较甜。在同等大小的情况下，分量较重的更好。

✳ 烹饪窍门

煮南瓜不要等水烧开了再放入，否则等内部煮熟了，外部早就煮烂了。煮南瓜的正确方法是：将南瓜放在冷水中煮，这样煮出来的南瓜才会内外皆熟。

山药

✳ 选购技巧

首先要关注的是山药的表皮，表皮光洁，没有异常斑点的，才是好山药；其次是辨外形，太细或太粗、太长或太短的都不够好，要选择那些直径在 3 厘米左右，长度适中，没有弯曲的山药；最后是看断层，断层雪白，带黏液而且黏液多的山药为佳品。

✳ 去皮窍门

山药洗净切段，先放入沸水中浸泡 30 分钟，这样山药原有的过敏原被破坏，手接触后不再会引起过敏反应。然后用菜刀将山药由上而下轻轻划一刀，就能轻松地除去外皮。

白萝卜

✳ 选购技巧

白萝卜以皮细嫩光滑，比重大，用手指轻弹，声音沉重、结实者为佳，如声音混浊则多为糠心。同时以个体大小均匀、根形圆整、表皮光滑的白萝卜为优。

✳ 贮存窍门

将表皮较完好的萝卜晾至表皮略干，装进不透气的塑料袋里；扎紧口袋密封，置于阴凉处储存，2 个月后食用也不会糠心。

莲藕

✳ 选购技巧

选购莲藕时，应选择那些藕节粗短肥大、无伤无烂、表面鲜嫩、藕身圆而笔直、用手轻敲声厚实、皮颜色为茶色、没有伤痕的。

✳ 烹饪窍门

莲藕可熟吃，也可生吃。莲藕如果炖着吃，不仅有助于人充分吸收其中营养，口感也特别好。但是，在烹饪莲藕时不能用铁锅铁器，否则整个莲藕的颜色会变黑变暗，炖莲藕应该选用铜锅或砂锅。

草菇

✱ 选购技巧

草菇有灰褐色和白色两种类型，应选择表面没有发黄者；从形态上看，应选择新鲜幼嫩，螺旋形，硬质，菇体完整，不开伞，不松身，无霉烂，无破裂，无机械伤的草菇。

✱ 贮存窍门

鲜草菇长时间置于空气中容易被氧化，发生褐变。将鲜草菇根部的杂物除净，放入1%的盐水中浸泡10～15分钟；捞出沥干水分，装入塑料袋中，可保鲜3～5天。

香菇

✱ 选购技巧

选购香菇以体圆齐整，菌伞肥厚，盖面平滑，质干不碎；手捏菌柄有坚硬感，放开后菌伞随即膨松如故；色泽黄褐，菌伞下面的褶皱要紧密细白，菌柄要短而粗壮，远闻有香气，无霉蛀和碎屑者为佳。

✱ 贮存窍门

香菇具有极强的吸附性，必须单独贮存，即装香菇的容器不得混装其他物品。另外，不得用有气味挥发的容器或吸附有异味的容器装香菇。

木耳

✱ 选购技巧

优质的黑木耳干制前耳大肉厚，耳面乌黑光亮，耳背稍呈现灰暗，长势坚挺有弹性。干制后整耳收缩均匀，干薄完整，手感轻盈，拗折脆断，互不粘结。

✱ 清洗窍门

用温水浸泡黑木耳10分钟左右后加入少许淀粉抓洗，因为淀粉可以很好地吸附木耳中的细沙；然后用清水将木耳洗干净即可。

玉米

✱ 选购技巧

选购玉米时，应挑选苞大、籽粒饱满、排列紧密、软硬适中、老嫩适宜、质糯无虫者。

✱ 烹饪窍门

煮玉米时，不要剥掉所有的皮，应留下一两层嫩皮，煮时火不要太大，要温水慢煮。如果是剥过皮的玉米，可将皮洗干净，垫在锅底，然后把玉米放在上面，加水同煮，这样煮出来的玉米鲜嫩味美、香甜可口。

土豆

✳ 选购技巧

应选表皮光滑、个体大小一致、没有发芽的土豆为好，因为长芽的土豆含有毒物质龙葵素，大量食用可能会引起急性中毒。

✳ 烹饪窍门

先将土豆去皮切成细丝，放在冷水中浸泡1小时；捞出土豆丝沥水，入锅爆炒，加适量调料，起锅装盘。这样炒出来的土豆丝清脆爽口。

红薯

✳ 选购技巧

要优先挑选纺锤形状、表面看起来光滑、闻起来没有霉味的红薯。

✳ 烹饪窍门

将红薯放在淡碱水中浸泡20分钟，然后煮熟或蒸熟，并达到熟透程度，此时红薯含有的大量"气化酶"被破坏，食用后腹胀感会减轻。

猪肉

✳ 选购技巧

新鲜猪肉的肌肉红色均匀，有光泽，脂肪洁白；外表微干或微湿润，不黏手；指压后凹陷处立即恢复；具有鲜猪肉的正常气味。

✳ 烹饪窍门

❶ 做家常炖猪肉时，肉块要切得大些，以减少肉内鲜味物质的流失。

❷ 不可用大火猛煮，否则肉块不易煮烂，也会使香味减少。

❸ 在炖煮中，少加水，可使汤汁滋味醇厚。

牛肉

✳ 选购技巧

新鲜牛肉呈均匀的红色且有光泽，脂肪为洁白或淡黄色，外表微干或有风干膜，用手触摸不黏手，富有弹性。

✳ 烹饪窍门

❶ 在牛肉上覆盖菠萝片或猕猴桃片，用保鲜膜包住 1 小时，牛肉就会变软。

❷ 烹煮前先用刀背拍打牛肉，破坏其纤维组织，这样可减轻韧度。

❸ 牛肉快煮好时关掉火放置 15 分钟，这时温度还会继续上升，可让牛肉煮到刚好的熟度。碎牛肉最好煮到中熟或变色即可，炖、蒸牛肉时煮至叉子能叉下去即可。

鸡肉

✳ 选购技巧

肉皮有光泽，因品种不同可呈淡黄、淡红和灰白等颜色，具有新鲜鸡肉的正常气味，肉表面微干或微湿润，不黏手，指压后凹陷处能立即恢复。

✳ 烹饪窍门

❶ 老鸡宰杀前，先灌 1 汤匙醋再宰杀，用慢火炖煮，可烂得快些。

❷ 在煮鸡的汤里，放入一小把黄豆、少许山楂，也可使鸡肉更快烂熟。

❸ 取猪胰一块，切碎后与老鸡同煮，这样容易煮得熟烂，而且汤鲜入味。

鸭肉

❋ 选购技巧

好的鸭肉肌肉新鲜、脂肪有光泽。注过水的鸭，翅膀下一般有红针点或呈乌黑色，其皮层有打滑的现象，肉质也特别有弹性，用手轻轻拍一下，会发出"噗噗"的声音。识别方法是：用手指在鸭腔内膜上轻轻抠几下，如果是注过水的鸭，就会有水从肉里流出来。

❋ 烹饪窍门

如何使酱鸭颜色均匀：

一是先将鸭放入油锅炸一下，或是放在锅里煎一下，这样既可以熬出一些油脂，除去肥腻感，又因鸭皮遇到高温后不再光滑，就能轻易染上酱油颜色；二是把鸭洗净后吊起风干，然后在鸭皮上涂上一层调稀的麦芽糖晾干，在酱制前，先以滚油在鸭身上浇淋一遍，使之颜色变成棕红，定色后再加调料制作。

板鸭的制作方法：

先用清水将鸭浸泡 15 小时，捞出后往鸭肚里塞入酒、葱、茴香、姜等，用空心麦秆管插入鸭的肛门，外露一截。将鸭放入砂锅用大火烧透，再将鸭放入水温 90℃左右的砂锅内，用小火焖煮半小时即可。

炖老鸭时，为了使老鸭熟烂得快，可以放入几只螺蛳一同入锅烹煮，这样任何陈年老鸭都会炖得酥烂。

如何使老鸭肉变嫩：

先将老鸭用凉水和少许醋浸泡 1 小时以上，再用微火慢炖，这样炖出来的鸭肉就会变得香嫩可口了。此外，锅里加入一些黄豆同煮，不仅会让鸭肉变嫩，而且能使其熟得很快，营养价值也更高。如果放入几块生木瓜，木瓜中的木瓜酵素可分解鸭肉蛋白，使鸭肉变嫩，也能缩短炖煮的时间。

片鸭肉的妙法：

烤好的鸭子色呈枣红色，鲜艳油亮，皮脆肉嫩，让人垂涎三尺。烤鸭加热后食用，要先用刀将鸭肉片下来，再蘸酱卷饼食用。片鸭肉时，需要锋利的小号叉刀一把、平案板一块。将加热好的整只烤鸭平放在案板上，先割下鸭头，然后以左手轻握鸭脖的下弯部位，先一刀将前脯皮肉片下，改切成若干薄片。随后片右上脯和左上脯肉，片上四五刀。将鸭骨三叉掀开，用刀尖顺脯中线骨靠右边剔一刀，使其骨肉分离，便可以右倾沿上半脯顺序往下片，经过片腿，剔腿直至尾部。片左半侧时亦采用同样的方法。

蛋类

✻ 选购技巧

尽量选择标有 CAS 优质蛋品标志的蛋；蛋的形状越圆者，里面的蛋黄越大；蛋壳越粗糙的蛋越新鲜；将蛋放入 4% 的盐水中会立即沉底的则质量较优。

✻ 贮存窍门

❶ 如果买的是一般散装蛋，放冰箱之前一定要先彻底清洗、拭干。

❷ 一般新鲜的带壳蛋，夏天在冰箱储存可放 7 天左右，冬天则可存放 1 个月左右。

❸ 蛋壳很怕潮湿，所以不能闷放在不透气的塑胶盒中，以免受潮发霉。

❹ 摆放蛋时，须将较圆的一头向上，较尖的一头向下。

❺ 蛋去壳之后，最好马上烹制食用，就算放入冰箱，也不宜超过 4 小时。

豆类

✻ 选购诀窍

挑选豆类蔬菜时，若是含豆荚的，如荷兰豆、豌豆、蚕豆等，要选豆荚颜色翠绿或是未枯黄的，且有脆度的最好；而单买豆仁类时，则要选择形状完整、大小均匀且没有暗沉光泽的。

✻ 保鲜诀窍

豆荚类因为容易干枯，所以要尽可能密封好放在冰箱冷藏，而豆仁放置在通风阴凉的地方保持干燥即可，也可放入冰箱内冷藏，但同样需保持干燥。

✻ 处理诀窍

大部分的豆类蔬菜生食会有毒，因此食用前需彻底煮至熟透，在烹煮过程中不能未完全熟透就起锅，若吃起来仍有生豆的青涩味道，就千万别吃。而大部分连同豆荚一起食用的豆类，记得先摘去蒂头及两侧茎丝，吃起来口感更好。

鱼

✳ 选购技巧

质量上乘的鲜鱼，眼睛光亮透明，眼球略凸，眼珠周围没有充血而发红；鱼鳞光亮、整洁、紧贴鱼身；鱼鳃紧闭，呈鲜红或紫红色，无异味；腹部发白，不膨胀；鱼体挺而不软，有弹性。

✳ 加工窍门

烹饪鱼时，一定要彻底抠除全部鳃片，避免成菜后鱼头有沙、难吃。鱼下巴到鱼肚连接处的鳞片贴皮肉，鳞片碎小，不易被清除，却是导致成菜后有腥味的主要原因。尤其在加工淡水鱼和一部分海鱼时，须特别注意削除颌鳞。

虾

✳ 选购技巧

新鲜的淡水虾色泽正常，体表有光泽，背面为黄色，体两侧和腹面为白色，一般雌虾为青白色，雄虾为淡黄色。通常雌虾大于雄虾。虾体完整，头尾紧密相连，虾壳与虾肉紧贴；用手触摸时，感觉硬实而有弹性的虾较新鲜。

✳ 烹饪窍门

炒虾仁，在洗涤虾仁时放进一些小苏打粉，使原本已嫩滑的虾仁吸收一部分水，再通过上浆有效保持所吸收的水分不流失，所以虾仁就变得更滑嫩且富有弹性了。

螃蟹

✳ 选购技巧

最优质的螃蟹蟹壳青绿、有光泽，连续吐泡有声音，翻扣在地上能很快翻转过来。蟹腿完整、坚实、肥壮；蟹螯灵活劲大，腹部灰白；脐部完整饱满，用手捏有充实感，分量较重。

✳ 清洗窍门

螃蟹的污物比较多，用一般方法不易彻底清除，因此清洗技巧很重要。先将螃蟹浸泡在淡盐水中，使其吐净污物。然后用手捏住其背壳，使其悬空接近盆边，双螯恰好能夹住盆边。用刷子刷净其全身，再捏住蟹壳，扳住双螯，将蟹脐翻开，由脐根部向脐尖处挤压脐盖中央的黑线，将粪便挤出，最后用清水冲净即可。